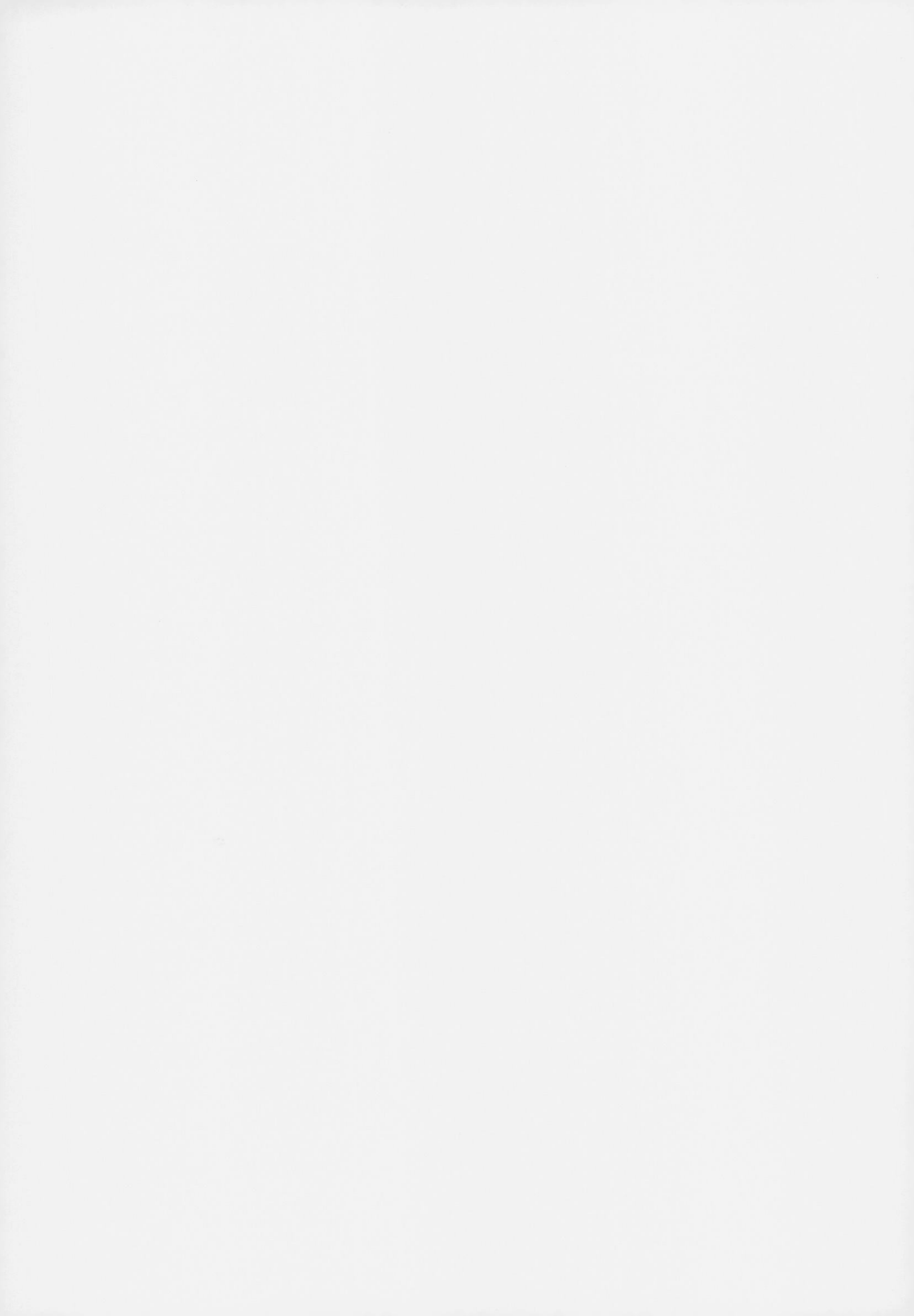

약점은 강점으로, 강점은 탁월함으로

강점으로 키워라

강점으로 키워라

1판 1쇄 인쇄 2023. 5. 30
1판 1쇄 발행 2023. 6. 12

지은이 박소연

발행인 고세규
편집 봉정하 디자인 지은혜 홍보 이태린 마케팅 박인지
발행처 김영사
등록 1979년 5월 17일(제406-2003-036호)
주소 경기도 파주시 문발로 197(문발동) 우편번호 10881
전화 마케팅부 031)955-3100, 편집부 031)955-3200 | 팩스 031)955-3111

값은 뒤표지에 있습니다.
ISBN 978-89-349-7941-8 03590

홈페이지 www.gimmyoung.com 블로그 blog.naver.com/gybook
인스타그램 instagram.com/gimmyoung 이메일 bestbook@gimmyoung.com

좋은 독자가 좋은 책을 만듭니다.
김영사는 독자 여러분의 의견에 항상 귀 기울이고 있습니다.

약점은 강점으로, 강점은 탁월함으로

강점으로 키워라

박소연 지음

김영사

프롤로그

요즘 저는 아이들의 치아가 나오는 것을 보며 과연 '치아의 평균 맹출eruption 연령'이 의미가 있는가에 대해 의문이 듭니다. 너무나 들쭉날쭉하기 때문이죠. 평균 생후 6개월에 아래 앞니가 제일 먼저 나온다고 알려져 있지만, 그때 딱 맞추어 나오는 경우가 오히려 거의 없습니다. 대부분 그보다 일찍 나오거나 늦게 나옵니다. 두 돌이 다 되었는데도 이가 안 나온다고 걱정하며 치과를 찾아오시는데, 대부분 기다리면 치아가 나옵니다. 그저 약간 늦을 뿐이지요. 그 '늦는다'는 기준도 어른인 우리가 정한 것일 뿐 본인들의 속도에 맞게 나옵니다. 하물며 치아도 이러한데 우리 아이들의 성장에 '늦은 시기'라는 것이 있을까요? '단 하나의 정상적인 경로'가 있을까요?

출산율 0.78명. 이보다 더 낮아질 수 있을까 싶었는데 매해 출산

율은 더 떨어지고 있습니다. 이런 내용을 볼 때마다 아이를 키운다는 것은 뭔가 불가능한 미션을 수행하고 있는 느낌입니다. 아이를 키우는 것은 기쁨이지만 또 부담이기도 합니다. 무한한 잠재력을 가진 아이를 혹시나 잘 서포트하지 못해서 제대로 키워내지 못할까 부모는 불안합니다.

아이들도 혼란스럽습니다. 해야 할 것이 너무 많습니다. 많은 것을 해내면서 또 잘해야 합니다. 어린 나이부터 너무 쥐어짜다 보니 정작 청년기가 되어서는 아무것도 하고 싶어 하지 않습니다. 번아웃이 오고 맙니다. 아이는 "엄마아빠가 나를 이렇게 만들었어" 하고, 부모는 "내가 너를 어떻게 키웠는데" 하며 서로를 향해 날을 세웁니다.

20년 가까이 소아치과 의사로서 수많은 아이와 부모를 만나왔습니다. 진료실에서 만난 모든 부모는 아이에게 최선을 다합니다. 나보다도 중한 내 아이, 너무나도 잘 키우고 싶은 내 아이 앞에 놓인 수많은 정보 속에서 많은 부모들이 고군분투하고 있습니다. 열심히 최선을 다하고 있는데도 늘 부족한 것 같고 혼란스럽습니다. 거기다 세상이 변했다는 미디어의 호들갑은 부모의 불안에 더 부채질을 합니다.

내가 살아온 세상보다 아이들이 살아갈 세상이 더 막막하고 걱정이 되다 보니 정답이 될 만한 성공 방식을 찾아 헤맵니다. 소위 우리 사회의 성공 방식에 내 아이를 맞추며, 시기에 딱 맞추어 모든 것을 해내야 한다 말합니다. 몇 살까지는 뭘 해야 하고 최소한 언제까지는 뭘 끝내라는 숫자가 기본값처럼 제시됩니다. 그런데 아이들 모두에게 적용되는 성공 방식이라는 것이 있을까요? 처음 아이가 태어나고 앉고 기고 걷는 과정을 한번 생각해봅니다.

저의 아이의 경우는 무릎으로 기기 단계를 걷기 직전까지 하지 않았습니다. 배밀이를 거의 돌까지 하다가 이후에 그냥 벌떡 붙잡고 일어서더라고요. 붙잡고 일어서고도 한 발을 떼지 못해 만 16개월을 꽉 채우고 걷기 시작했습니다. 뉴욕대 심리학과 캐런 아돌프 Karen Adolph 교수는 아이들이 걷는 데까지 동일한 일련의 과정이란 없다고 말합니다. 각자의 다양한 패턴을 가지다가 결국 걷기로 이어진다고요. 아기마다 몸 움직이기 문제를 저마다의 독자적인 방식으로 풀어갈 뿐 '정상적인 경로' 같은 것은 없다는 것이죠.

육아와 자기계발에 공통된 환상이 있습니다. 모든 것은 끊임없는 노력으로 해결 가능하며, 좋은 방법, 성공 방식을 그대로 따라하면 바라는 결과를 얻을 수 있다는 것입니다. 하지만 세상은 우리 모두가 알다시피 불공평합니다. 그 불공평함은 부, 지식, 학벌 등 눈에 보이는 것뿐만 아니라 성격, 기질 등에도 있습니다. 세상을 받아들이는 방식에 대한 예민도와 민감성은 아이마다 다릅니다. 그러니 다른 아이의 성공 방식을 찾아 답습할 것이 아니라 그 시간에 내 아이를 한번이라도 더 보고 관찰해주세요. 내 아이가 세상을 어떻게 받아들이는지, 내 아이의 강점은 무엇인지, 내가 도움을 줄 것은 뭐가 있는지를 말입니다.

아이들은 모두 다릅니다. 다 다른 재능과 강점을 타고납니다. 모두에게 통하는 성공 방식은 없습니다. 또한 다름은 사회적으로도 축복입니다.

정확히 어떤 미래가 아이들 앞에 놓일지 우리는 알 수 없습니다. 하지만 분명한 것은 더 이상 남을 부러워하고 따라잡기를 하는 것으로는 되지 않습니다. 개인적으로도, 국가적으로도 말입니다. 내가 가지지 못한 것을 고치려면 힘이 듭니다. 쉽지 않습니다. 하지만 남과 다른 나의 특별한 점을 알아차리고 키워나가면 그것이 바로 '나의 힘'이자. 무기가 됩니다.

너무나도 소중한 아이들을 키우는 부모님들이 이 책을 보고 아이들의 잠재력을 발견하고 위로를 느끼셨으면 좋겠습니다. 절대 늦지 않았음을, 그리고 우리 모두 역시 강점을 가진 좋은 부모라는 점을 말입니다. 이 세상의 모든 아이들과 부모님들을 응원합니다.

박소연

목차

02
강점 육아의 다섯 단계: S-TRACK

03
아이를 움직이는 말을 찾으라

04
강점을 알면 공부에 자신감이 생긴다

부모는 아이의 강점을 어떻게 발견할 수 있을까?

끌림 Yearning **인지하지 못함에도 자꾸 끌려서 하는 것.**

빠른 학습 Rapid Learning **어떤 일을 빨리 배우거나 익히는 것.**

몰입 Timeless **아이가 시간이 흘러가는 것을 인식하지 못하고 집중하는 것.**

만족 Satisfaction **아이가 하고 있는 중이나 하고 난 뒤에 즐거움을 느껴서 이것을 또 언제 할 수 있는지 기대하는 것. 하는데 힘들었지만 다시 하고 싶어 하는 것.**

자꾸 무언가가 하고 싶고, 잘하고, 그것을 할 때는 시간이 가는 줄 모르고, 하고 나면 또 하고 싶은 무언가가 바로 강점입니다.

01

강점을 아는 아이가 행복하다

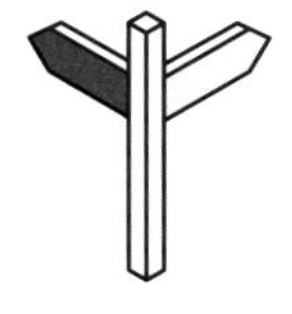

사람들은 자신이 무엇을 잘하는지 안다고 생각하지만 대개 잘 모른다. 강점이 우리가 하는 모든 행동의 기반이 되는데도 말이다. _피터 드러커

1
첫 번째 질문, 내 아이의 강점은 무엇인가요?

'only one'이 경쟁력이다

여기 한 덩어리의 찰흙이 있습니다. 찰흙으로 모양을 빚어봅니다. 우리 아이의 모양을 만든다고 해보죠. 머리를 만들고 몸통을 만들고 팔과 다리를 만듭니다. 그리고 뒤로 물러나서 바라봅니다. 어떤 생각이 드시나요? 어떤 부분이 눈에 들어오나요? 어떤 부분은 매끈하고 잘 빚어진 부분이 보입니다. 내가 만들었지만 어떻게 저렇게 잘 만들었지 하는 부분이 있습니다. 반면 공을 들였지만 잘 맞지 않고 구멍 나거나 금이 간 부

분도 있습니다. 이제 수정할 시간이 주어졌습니다. 어디를 먼저 만지고 싶으신가요?

긍정심리학의 대가, 리 워터스Lea Waters 박사 강의의 일부입니다. 대부분의 부모들은 이 질문에 제일 먼저 미흡한 부분부터 손보겠다고 말합니다. 뚫린 구멍과 그어진 금이 눈에 먼저 들어오고, 그걸 고치지 않으면 전체가 위태로워질지도 모른다고 생각하기 때문입니다. 다시 찰흙으로 돌아옵니다. 부족한 부분을 열심히 메웁니다. 구멍은 채우고 금은 수리합니다. 부족한 부분을 열심히 고치다 보니 점점 찰흙 모양이 둥그러집니다. 처음에 매끈하고 잘 빚어진 부분은 온데간데없고 둥글고 다 비슷한 찰흙 모양만이 남습니다.

우리는 이제까지 그렇게 키워졌고 배워왔습니다. 잘하는 것은 당연하고 못하는 것은 지적받고 개선하도록 말이죠. 운동을 못하니 운동학원에 다니고, 글을 잘 못 쓰니 논술학원에 다닙니다. 소심한 성격이니 아주 어릴 때부터 사람 많은 기관에 보내기도 합니다. 이렇게 부족한 부분을 힘들게 채워 비슷비슷한 찰흙 모양으로 세상에 나옵니다.

그런데 세상이 바뀌고 있다고 합니다. 더 이상 평균은 의미가 없고 자신만의 독특한 모습으로 살아야 한다고, 개성이 있어야 한다고요. 혼란스럽습니다. 못하는 부분에 집중하느라 내가 뭘 잘하는지, 좋아하는지를 잃어버린 지 오래입니다. 이제껏 남들과 비슷해지려고 그렇게 노력했는데 이제는 비슷하면 안 된다고 합니다.

앞으로 우리 아이들이 자랄 세상은 더 달라질 것입니다. 'one of them'이 아닌 'only one'이어야만 하는 세상이 오고 있습니다. 찰흙의 부족한 부분만 채우는 데 초점을 맞추다 보면 부족한 부분은 점점 없어지겠지만 독특하고 훌륭한 부분도 사라지고 맙니다. 반면 빈 부분을 메우기보다는 이미 잘 만들어진 부분을 더 멋지게 만드는 데 시간과 에너지를 쏟는다면 어떻게 될까요? 특별한 부분을 잘 다듬고 형태를 완성한다면 빈 부분은 자연스럽게 작아질 수밖에 없습니다. 즉, 강점이 약점이었던 영역까지 확대되는 것입니다. 그렇게 완성된 찰흙은 모두와 똑같은 둥근 모양이 아니라 어디에도 없는 나만의, 내 아이만의 'only one'이 되는 것이지요. 이것이 바로 경쟁력이고 창의력입니다.

글로벌 리서치 기관인 갤럽Gallup에서 30년 동안 실시해온 조사에 따르면 자신의 강점을 제대로 이해하고 발전시키는 사람은 그렇지 않은 사람보다 훨씬 더 행복한 삶을 산다고 합니다. 일상 및 사회생활에서 상황에 따라 필요한 전략을 자신에게 맞게 적절히 구사할 수 있기 때문입니다. 타고난 자기 성향을 인지하고 이해하면 더욱 효과적이고 효율적으로 성공을 향해 나아갈 수 있습니다. 강점 개발이 중요한 이유입니다.

똑같이 가르칠 수는 없다

'신경다양성Neurodiversity'이라는 말이 있습니다. 세상에 다양한 종의 동물과 식물이 있듯이 뇌에서 일어나는 일도 다양하다는 뜻입니다. 자극을 받아들이고 경험을 합치고 그것을 사고하고 내놓는 방식은 사람마다 모두 다릅니다. 이런 다양성을 이해하지 못하면 세상에는 정답만 존재하게 되고 그 정답에 미치지 못하면 부족한 것으로 오해할 수 있습니다. 세상에 부족한 아이는 없습니다. 세상에 못난 아이는 없습니다. 그냥 다 다를 뿐입니다. 이 아이에겐 이런 강점이, 저 아이는 저런 강점이 있는 것입니다.

벤자민 프랭클린Benjamin Franklin은 활용되지 않고 낭비된 재능을 '그늘에 놓인 해시계'에 비유했습니다. 해시계를 해가 없는 그늘에 놓으면 아무 소용이 없겠죠. 인생의 비극은 우리가 천재적인 재능을 타고나지 못해서가 아니라, 이미 가지고 있는 강점을 충분히 활용하지 못해서 생긴다는 그의 말이 울림을 줍니다. 어쩌면 우리는 해시계인 아이를 그늘에 놓아두고는 왜 작동하지 않느냐고 타박하고 있는 게 아닐까요? 해시계는 햇빛에 내놓아야 그 기능을 할 수 있는데 말입니다.

염구가 공자에게 물었다.

"의로운 일을 들으면 바로 실천해야 합니까?"

공자가 대답했다.

"실천해야 한다."

그 후에 자로가 같은 질문을 하였다.

"의로운 일을 들으면 즉시 실천해야 합니까?"

공자가 대답했다.

"아버지와 형이 있는데 어찌 들은 것을 바로 실천하겠는가?"

자화가 물었다.

"어찌 같은 질문에 대하여 달리 대답을 하십니까?

공자가 말했다.

"염구는 머뭇거리는 성격이므로 앞으로 나아가게 해준 것이다. 자로는 지나치게 용감함으로 제지한 것이다."

제자들의 강점과 약점을 명확하게 파악하고 있는 공자는 그에 맞추어 각각 달리 조언합니다. 아이들은 다 다릅니다. 부모들도 다 다릅니다. 그래서 옆집 아이에게 맞는 방법이 내 아이에게는 맞지 않습니다. 성공한 육아서의 공식이 나의 아이에게는 적용하기 힘든 이유가 이것입니다. 내 아이를 제대로 알고, 내 아이의 강점을 찾아서 개발하는 것이 무엇보다 중요합니다.

아이들을 더 매력적이거나 더 바람직하게 보이게 해줄 이름표를 붙이려고 애쓰는 게 아니라, 아이들에게 낙인을 찍을 수 있는 꼬리표를 붙이려고 광분하고 있는 것 같다. _제니퍼 폭스

2

내 아이의 약점이 아닌 강점에 관심 갖기

긍정보다 부정에 집중하는 심리

6학년 민영(가명)이가 엄마와 함께 진료실로 들어옵니다. 아이는 무표정입니다. 엄마는 걱정스러운 표정이고요. 진료기록을 보니 6년 전에도 한 번 온 적이 있습니다. 그때의 주소(Chief complaint; 병원에 방문한 이유)도, 오늘의 주소도 '얼굴 비대칭'입니다.

민영이의 얼굴을 봅니다. 비대칭? 잘 모르겠습니다. 엄마의 이야기를 끝까지 들어보니 점점 한쪽 얼굴이 더 커지고 부푸는 것 같고

턱이 비뚤게 자라는 것 같다고 합니다. 어릴 때 비대칭을 교정할 방법이 있는데도 혹여 놓칠까 걱정이라고요.

다시 아이를 봅니다. 말을 듣고 보니 왼쪽 얼굴이 약간 더 올라온 것 같기도 합니다. 하지만 역시 잘 모르겠습니다. 치아 비대칭이 심한가 싶어 아이를 눕히고 입안을 봤지만 치아 배열은 좋고 중앙선도 거의 딱 맞습니다. 아이를 대기실로 내보내고 어머니와 상담을 시작합니다. 혹시 가족 중에 비대칭이 있는지 여쭤봅니다. 어머니가 조심스레 말을 꺼냅니다. 본인이 비대칭 때문에 스트레스라고요. 어릴 때는 잘 몰랐는데 커서 보니 도드라져서 아이는 안 그랬으면 좋겠다고 합니다. 민영이는 예쁜 아이입니다. 얼굴도 작고 키도 큽니다. 그런데 엄마 눈에는 도드라지지 않는 약간의 비대칭만 보입니다.

사실 민영이 어머니뿐 아니라 사람은 누구나 긍정적인 면보다 부정적인 면을 더 잘 발견합니다. 이는 인류의 진화에 의한 어쩔 수 없는 측면입니다. 인지 심리학자 크리스토퍼 차브리스Christopher Chabris와 대니얼 사이먼스Daniel Simons의 유명한 '고릴라 실험'을 아시나요?

실험 참가자들은 농구 동영상을 보면서, 흰 티셔츠를 입은 사람들이 공을 몇 번 패스하는지 세도록 지시받습니다. 그리고 동영상 중간에는 고릴라 분장을 한 사람이 등장하여 카메라를 보고 가슴을 친 후 사라지는 장면이 있습니다. 흥미롭게도 참가자의 절반 정도는 고릴라가 나온 사실을 전혀 인지하지 못했습니다. '무주의 맹시inattentional blindness'로 알려진 이 현상은 사람들이 다른 것을 배제한 채 특정 대상에만 선택적(또는 적극적)으로 주의를 기울이기에 발생합니다. 공의 패스를 보느라 커다란 고릴라가 지나가는 모습도 놓칠 정도로, 사람들의 뇌는 프로그래밍 되어 있습니다.

이런 선택적 주의집중은 정보가 끊임없이 쏟아지는 세상에서 살아남기 위해 우리 뇌가 발전시킨 현명한 진화의 특성입니다. 생존이 중요한 시대에는 생존에만 집중하게 함으로써 다른 자극에 뇌가 쓰는 에너지를 줄여줍니다. 인류가 살아남는 데 꼭 필요한 능력입니다. 하지만 이 능력의 한계도 분명히 알고 넘어가야 합니다. 뇌의 이러한 여과 시스템은 분명 효율적이지만 완벽하지는 않습니다. 그래서 우리는 주변에서 일어나는 일을 판단하는 데 도움이 될 중요한 정보를 자주 놓치고 맙니다.

민영이는 얼굴도 작고 예쁘고 치아도 가지런합니다. 하지만 어머니의 선택적 주의집중은 '비대칭'에 집중되어 있습니다. 비대칭에만 집중하니 다른 정보가 보이지 않습니다. 중요도가 왜곡되고 맙니다. 저는 결혼하고 한동안 아이가 생기지 않아 오랫동안 마음고생을 했습니다. 난임 클리닉을 다녔던 당시 제 눈에는 임신부만 보였습니다. 제 주변의 친구들도 다 임신한 것 같았습니다. 과연 그 해에 출생률이 급격하게 증가했던 걸까요? 늘 임신만 생각했기에 임신한 여성은 10배쯤 제게 더 강조되어 다가왔던 것입니다. 아이의 작은 비대칭이 엄마에게는 크게 다가온 것처럼요.

이런 선택적 주의집중 현상은 진화 과정에서 어쩔 수 없이 발생한 것이니 감수할 수밖에 없을까요? 문제 해결의 기본은 '인지'입니다. 문제가 무엇인지를 정확하게 알면 반은 해결된 것이나 다름없습니다. 선택적 주의집중과 관련해서도 이러한 사실을 '인지'하는 것이 중요합니다. '내가 어디에 집중하고 있어서 다른 정보를 간과하는구나'를 인지만 해도 상당한 진전을 볼 수 있습니다. 아이의 약점에 대해서도 마찬가지입니다. 내가 아이의 약점에 집중하느라 이 약점이 실제로 끼치는 영향보다 훨씬 크게 느끼고 있다고 아는 것부터가 시작입니다.

양육에 대한 불안과 공포

한 인터넷 커뮤니티에 남편의 단점을 이야기하는 글이 올라왔습니다. 수십 개, 수백 개의 댓글이 순식간에 달렸습니다. '우리 남편이 왜 거기 있냐'며 서로 공감하고 깔깔대는 내용들이었습니다. 그런데 장점을 말하는 글에는 잠잠했습니다. 세상에는 못된 남편들이 좋은 남편보다 더 많아서일까요?

오하이오 주립대학교에서 재미있는 연구를 했습니다. 참가자들은 두피의 전기적 활동을 기록하는 전극이 설치된 탄성 헤드캡을 쓰고 긍정적인 이미지와 부정적인 이미지, 중립적인 이미지가 담긴 사진들을 연이어 보았습니다. 컴퓨터 화면에서 각각의 이미지는 빠른 속도로 한 번만 등장했고, 시간과 빈도는 같았습니다. 그런데 부정적 사진이 나오자 전기적 활동이 격렬해졌습니다. 이러한 반응은 사람들이 이미지에 대한 의식적인 생각, 즉 부정적인 생각을 하기도 전에 발생한다고 합니다. 복잡한 사고과정 없이 매우 빠른 속도로 생긴다는 것이지요. 부정적으로 생각하는 편향은 이를 인지하기도 전에 빠르고 강하게 나타납니다.

여기서도 진화 이야기가 나옵니다. 호모사피엔스는 뇌가 커서 머리가 무겁고 다른 동물들보다 활동성이 느립니다. 게다가 한 번에 새끼를 여럿 낳을 수도 없고 그 기간도 매우 깁니다. 생산성, 활동성 모든 측면에서 살아남기에 유리한 생물은 아니었지요.

그런데도 지구상에 가장 오래 남았고, 결국 대표 생물이 되어 지구를 지배하고 있습니다. 생존의 배경에는 이런 반사들이 영향을 끼칩니다. 인류는 사방의 적으로부터 살아남아야 했습니다. 날카로운 이빨을 가진 짐승들의 움직임을 빠르게 포착해서 대응해야 합니다. 낯선 것이 다가오면 위험성을 먼저 느껴야 안전할 수 있습니다. 진화적 과정에서 나타난 부정성 편향이 우리가 환경에서 도태되지 않고 생존할 수 있도록 위협요소에 대해 경고를 해주었던 것이지요.

이런 부정성 편향은 양육이라는 범주에 들어서면 극대화됩니다. 자식을 낳아 키운다는 것은 엄청난 책임을 지는 행동입니다. 부모는 잠든 아이를 보며 '내가 무슨 짓을 한 건가'라는 생각이 듭니다. 이 험한 세상에 어쩌자고 아이를 낳았는지, 어떻게 키워야 할지 때로는 막막합니다. 불안과 공포가 뒤엉킵니다.

이런 상황에서는 부정성 편향이 더욱 기승을 부립니다. 못하는 것 없이 골고루 우수해야 합니다. 체육도 잘해야 하고, 악기도 한두 개는 다룰 수 있어야겠고, 요즘은 미적 감각이 중요하니 미술도 하면 좋겠지요. 영어는 기본이고 그것만으로는 세계화 시대에 부족하니 중국어나 한자도 하면 좋을 것 같습니다. 아이들은 과연 존재 가능한가 싶은 전인적 인간을 향해 달려갑니다. 그 끝이 어디인지도 모른 채 말입니다.

왜 누구는 차이라고 부르고 누구는 장애라고 부를까?

2001년 〈뉴욕 타임스〉는 심리학자들이 진행한 과학 연구와 관련된 인상적인 기사를 실었습니다. 연구자들은 인기 만화 〈곰돌이 푸〉의 모든 캐릭터를 분류하고 진단한 결과를 발표했습니다.

주인공 푸는 ADHD(주의력 결핍 과잉 행동장애)를 나타내는 충동적 기질이 있는데, 이는 꿀에 대한 집착 때문에 더욱 악화된다고 했습니다. 연구자들은 푸에게 ADHD 치료약을 복용하고 다이어트를 하라고 처방했고요. 피글릿은 범불안장애에 사로잡혀 있으므로 우울증 치료제를 복용하면 좋아질 거라고 했습니다. 아울은 똑똑하지만 실독증에 걸려 있어서 어떤 약도 소용이 없으며, 크리스토퍼 로빈은 공상을 너무 많이 하기 때문에 어른이 되면 생활하는 데 어려움을 겪을 것이라 진단했습니다. 마지막으로 귀여운 레빗은 자만심이 굉장히 심해서 성장 후 문제가 될 수 있다네요. 늘 대장이 되고 싶어서 다른 이들을 새로운 그룹으로 구성하려는 욕구를 지나치게 드러낸다고요.

어떤가요? 흥미롭지만 어딘가 찜찜한 연구 아닌가요. 귀여운 푸는 ADHD, 피글릿은 우울증, 레빗은 자만심이 지나쳐서 문제라니요. 최근 정신과 선생님들의 활약 덕분에 정신과의 문턱이 낮아져 전보다 쉽게 방문할 수 있지요. 하지만 세상 모든 일에는 항상 양면성이 존재합니다. 정신과가 대중화된 이면에 다양한 기질을 가졌을 뿐 너무나 정상적인 아이들도 '혹시?'라는 의심 때문에 진료를 받고 약을 복용하는 경우도 있습니다.

제 아이는 낯가림이 매우 심한 편입니다. 섬세한 기질이라 낯선 환경이나 상황을 받아들이는 데 시간이 오래 걸리지요. 아이가 같은 유치원 친구들과 놀이터에서 논 적이 있었습니다. 모두 반 친구들이고 장소만 유치원이 아닌 놀이터로 바뀌었을 뿐인데 아이는 친구들과 어울리지 못하고 엄마인 제 주변만 내내 맴돌았어요. 그걸 보고 아이 친구 엄마들이 한두 마디씩 건넵니다. 초보 엄마의 불안을 건드린 주변의 시선이었죠. 그러던 중 텔레비전에서 '선택적 함구증'인 아이를 접하게 됩니다. '뭐야, 우리 아들이잖아? 내 아이가 선택적 함구증?' 그전까지는 들어본 적도 없는 병명을 밤새 눈이 벌게지도록 인터넷에서 검색합니다.

아이를 그런 시선으로 바라보기 시작하자 모든 행동이 걱정됩니다. 엘리베이터에서 어른에게 인사하지 않는 것, 낯선 장소에 적응하는 시간이 너무 오래 걸리는 것도 다 문제 있어 보입니다. 무엇보다도 힘들었던 것은 '내가 아이의 골든타임을 놓치고 있는 게 아닐까?' 하는 불안감이었죠. 불안이 극에 달한 저는 동네 소아정신과를 예약합니다. 결과는 문제없음. 대체 전 무얼 듣고 싶었던 걸까요?

조기 발견과 치료가 필요한 아이들도 분명 있습니다. 하지만 우리는 너무 많은 아이들에게 곰돌이 푸의 친구들처럼 수많은 꼬리표를 붙입니다. 정상이라는 평균 잣대를 놓고 보면 푸도 피글렛도 비정상이고 문제아입니다. 결국에는 아이 자체를 보지 않고 붙어 있는 꼬리표를 통해 그 아이를 파악하기에 이릅니다. 대부분의 아이들은 자신의 다양성을 자기 방식에 맞게 표출하고 있을 뿐인데 말입니다.

강점은 아이의 타고난 생존 전략이다

스타벅스 로고는 그리스 신화에 등장하는 인어 '세이렌'의 얼굴입니다. 그리스 신화에서 아름다운 노랫소리로 뱃사람을 유혹한 세이렌처럼, 스타벅스도 사람들이 홀린 듯 자주 방문하도록 만들겠다는 의미로 로고를 만들었다고 합니다. 이 완벽해 보이는 세이렌의 얼굴에는 한 가지 비밀이 숨어 있습니다.

스타벅스는 2011년 로고를 리뉴얼하기 위해 크리에이티브 컨설팅 회사 리핀코트Lippincott에 디자인 변경을 맡깁니다. 그런데 리핀코트 디자이너들은 세이렌의 얼굴 대칭이 너무 완벽해서 아름답기보다 오히려 차갑고 비인간적으로 보인다고 지적했습니다. 심지어 '죽은 사람' 혹은 '유령'처럼 보여 소름이 돋는다는 반응도 있었죠. 매장 외벽이나 제품 포장에 세이렌의 얼굴이 크게 등장하면 이런 부정적 느낌이 더욱 부각되었습니다. 그래서 디자이너들은 세이렌의 얼굴을 성형했습니다. 전체 윤곽을 둥글게 다시 그렸고 세이렌의 왼쪽 코에 좀 더 긴 그림자가 지도록 일부러 비대칭으로 디자인했습니다. 로고를 불완전하게 디자인함으로써 소비자들이 느끼는 불쾌함을 없앤 것입니다.

지금도 스타벅스 로고 속 세이렌은 비대칭의 코 길이를 뽐내고 있습니다. 그리고 우리는 홀린 듯 스타벅스로 들어가지요.

얼굴 비대칭을 걱정하던 민영 어머니는 저와의 오랜 상담 후 민영이의 예쁜 모습을 더 중점적으로 보기 시작했습니다. 민영이가 예전보다 밝아졌음은 말할 필요도 없겠지요.

선택적 함구증을 걱정했던 제 아이는 학교에서 인기왕이 되었습니다. 물론 학기 초에는 담임선생님의 전화를 받기도 했습니다. 아이가 움직이지도 않고 말도 없어서 학교를 좋아하는지 어떤지 알 수 없다고 걱정하셨죠. 아이의 기질과 강점을 아는 저는 선생님을 안심시켰습니다. 3개월쯤 지나면 교실 양끝을 오가는 활기찬 아이를 보실 거라고요. 아이는 새로운 상황과 친구들에게 적응하는 데 여전히 오래 걸립니다. 하지만 적응하고 파악하고 나면 자신의 관찰 데이터를 가지고 친구들을 대하기 시작합니다. 친구들을 잘 이해하고 들어주니 어느새 반에서 가장 인기 있는 아이가 됩니다.

모든 아이는 존귀하고 특별합니다. 아이들이 가진 강점은 고유하고 소중합니다. 아이가 가지지 못한 것에만 집중하다 보면 멀쩡하고 빛나는 아이도 문제아가 되어버립니다.

신이 빠뜨린 것을 채워 넣으려고 애쓰는 대신 신이 심어준 것을 끌어내도록 노력하는 것. _커트 코프만 & 가브리엘 곤잘레스-몰리나

3
아이의 강점 발견하기

아이마다 다른 강점을 갖고 있다

강점이 중요한 것은 알지만 "당신의 강점은 무엇인가요?"라는 질문에 망설이지 않고 바로 대답할 수 있는 사람은 많지 않습니다. 벨연구소에 따르면 30퍼센트만이 자신의 강점을 알고 있다고 합니다. 그런데 "당신의 약점은 무엇인가요?"라는 질문에는 더 쉽게 대답합니다. 앞서 살펴본 대로 우리는 강점을 찾기보다 약점을 찾는 일에 익숙하기 때문입니다.

아이에 대해서도 마찬가지입니다. 지금 종이를 꺼내 5분 이내에 아이의 강점을 생각나는 대로 전부 적어보세요. 머릿속에 처음 떠오르는 것들을 적으면 됩니다. 한번 볼까요. 얼마나 적으셨나요? 긴 목록을 손쉽게 작성했다면 이 책을 더 이상 읽지 않아도 됩니다. 하지만 저도 그랬고, 대부분의 부모는 대여섯 개 이상 생각해내기 힘들 것입니다. 작성한 목록도 "운동을 잘한다" "수학을 잘한다" "독서를 좋아한다" 등 아이가 잘하는 '기술'에 중점을 두는 경우가 많을 것입니다.

> 인간관계를 잘 맺음, 생각이 깊음, 정리를 잘함, 활발함, 집중, 호기심, 용기, 열정, 공정성, 낙관성, 주도력, 긍정, 리더십, 협동심, 공감, 유머, 연결성, 승부……

이런 단어들을 보면 어떤가요? 공부나 기능에 집중했던 관점을 벗어나면 아이들의 강점이 한두 개는 더 보일 것입니다. 우리는 아이를 정말 사랑하지만 아이의 강점을 제대로 파악하진 못합니다. 부정성 편향 때문이기도 하지만 강점이 너무도 당연한 일반적 특성 같아서 그 가치를 제대로 느끼지 못하기 때문입니다.

저는 사람들의 말을 빨리 받아 적어 정리하는 능력이 있습니다. 제게는 너무 당연한 일이기에 특별한 강점이라고 생각하지 않았습니다. 그런데 여러 기회를 얻어 사람들의 반응을 접하고, 좀 더 자주 사용하니 저만의 특별한 강점으로 인식하게 되었습니다.

부모가 아이의 강점을 당연히 여기거나 학교 교육 안의 학습적인 강점만 강조한다면 아이가 성장하면서 강점을 활용하고 키울 기회를 놓치고 맙니다. 더 나쁜 상황은 자신의 강점을 별것 아닌, 보잘것없는 것으로 인식하게 되는 일입니다. 자신의 강점을 제대로 알고 적절히 활용하는 것만큼 인생을 사는 데 강력한 무기는 없습니다.

치과에서 통증을 참을 때도 아이마다 발휘하는 강점이 다릅니다. 영구치 어금니에 충치가 생기면 갈아내고 때워야 하는데, 아이들은 치아 조직도 엉성하고 치아 뿌리가 완전히 자라지 않았기 때문에 치료하면 시립니다. 국소마취를 하면 시린 느낌은 덜하지만 마취 주사의 따끔한 통증을 견뎌야 하고, 마취를 안 하면 시린 느낌을 오래 견뎌야 합니다. '먼저 매를 맞고 좀 편할지, 아니면 쭉 불편할지'인데 아이마다 선택이 다릅니다. 어떤 아이는 절대로 마취는 못하겠다며 시린 쪽을 선택하겠다 하고, 짧고 굵게 가겠다며 마취를 선택하겠다는 아이도 있습니다. 어떤 아이는 이랬다저랬다 하고, "선생님 맘대로 하세요" 하는 아이도 있습니다. 통증에 대한 반응은 원초적입니다. 그런데도 가지고 있는 재료에 따라 반응은 천차만별입니다.

여기에 정답은 없습니다. 그저 다를 뿐입니다. 틀린 것이 아닙니다.

강점을 찾는 방법

고대부터 동서양의 철학자들이 인간의 강점에 대해 토론해왔지만 강점을 주요 학문 분야로 다룬 것은 꽤 최근의 일입니다. 강점에 관한 논의를 가장 먼저 시작한 사람은 현대 경영학의 아버지라 불리는 피터 드러커Peter F. Drucker이며, 뒤이어 미국 갤럽 사의 연구에서 본격적으로 등장했습니다.

갤럽의 수장이자 강점을 수치화하는 척도를 개발한 사람은 도날드 클리프턴Donald Clifton 박사입니다. 클리프턴은 성공한 사람들의 특징을 모아 34개의 강점으로 분류했는데 이것이 바로 'Clifton Strengths Finder'입니다. 34개의 테마로 구분되는 강점의 강약을 측정해주는 진단이며, 자신에게 나타나는 가장 강한 강점 테마부터 약한 강점 테마까지 찾을 수 있게 해줍니다.

'Clifton Strengths Finder'는 20개 이상의 언어로 번역되어 전 세계 3,000만 명 이상이 활용하고 있습니다. 15세 이상부터 사용할 수 있으며, 10~14세를 대상으로 한 'Clifton Youth Strengths Explorer(CYSE)'도 있습니다. 갤럽은 30년간 Youth Perceiver(81개의 개방형 질문으로 구성된 구조화된 면접)를 실시하고 CYSE를 개발했습니다. CYSE는 열 가지 강점 테마 중 응답자의 세 가지 대표 테마에 관한 정보를 제공합니다. 아이들에게 자신의 긍정적인 측면을 인식시켜주며, 진단결과를 통해 내 아이를 더욱 이해할 수 있다는 장점이 있지만, 자칫 잘못하면 진단결과가 아이의 잠재력을 제한하는 꼬리표로 작용할 수 있는 여지가 있어서 갤럽은 'explorer'라는 용어로 finder보다는 조심스러운 입장을 취하고 있습니다. 아이들이란 계속 변화하는 존재이기에 강점이나 재능을 명확히 진단하기는 어렵기 때문입니다. 하지만 막연하게 생각하던 것을 시각적으로 인지할 수 있다는 점에서 도움이 될 수 있다고 생각합니다.

다른 하나는 VIA 강점 척도(Peterson & Seligman)로 강점이 덕성의 생생한 표현이고, 안녕과 관련 있다는 관점을 바탕으로 24개의 성격 강점을 측정합니다. 전자가 성과에 맞추어져 있다면 후자는 기질에 맞추어져 있습니다. 두 가지 모두 홈페이지(https://store.gallup.com)에서 최소 비용이나 무료로 이용할 수 있으니 해보면 좋겠습니다.

Clifton Youth Strengths Explorer(CYSE)

만 10-14세 대상

- 성취Achieving　일을 완수하고 싶어 하며 많은 에너지를 가지고 있다.
- 돌봄 Caring　다른 사람을 돕는 것을 즐긴다.
- 경쟁Competing　다른 사람의 수행과 비교하여 자신의 수행을 평가하기를 즐기며 이기고자 하는 열망이 강하다.
- 자신감 Confidence　자기를 믿으며 스스로 열심히 노력하면 성공할 수 있다고 생각한다.
- 신뢰Dependability　약속을 잘 지키고 강한 책임감을 보인다.
- 발견Discover　호기심이 매우 많으며 "왜? 어떻게?"라고 묻기를 좋아한다.
- 미래지향성Future thinker　현재를 넘어, 심지어는 죽고 난 후에 발생 가능한 일에 대해 생각하는 경향이 있다.
- 조직Organizer　일정을 짜고 계획하며 조직하는 일에 재능이 있다.
- 존재감 Presence　이야기를 하고 관심의 중심에 있기를 좋아한다.
- 관계Relating　의미 있는 우정을 만들고 유지하는 데 능하다.

https://store.gallup.com/p/en-sg/10093/clifton-strengthsexplorer

* 만 15세 이상은 'Clifton Strengths Finder'로 진단하면 된다.

VIA(Values In Action)-youth

만 10-17세 대상

① 지혜 및 지식 | 지식의 획득 및 사용과 관련된 인지적 강점 |

- **창의성**(독창성)▶어떤 일을 개념화하고 수행할 때 참신하고 생산적인 방법을 생각한다. 예술적 성취도 포함되나 그에 국한되지는 않는다.
- **호기심**(흥미, 새로움 추구, 경험에 대한 개방성)▶일어나고 있는 경험 자체에 대하여 흥미를 느끼며 다양한 주제에 매혹되어 조사하고 발견한다.
- **개방성**(판단, 비판적 사고)▶사물이나 현상을 다양한 측면에서 생각하고 검토하여 성급하게 결론을 내리지 않는다. 분명한 근거가 있으면 자신의 생각을 바꿀 수 있으며 모든 증거를 공정하게 따져본다.
- **학구열**▶혼자서든 공식적으로든 새로운 기술, 주제, 지식을 완전히 익힌다. 분명 호기심과 관련이 있지만 기존에 알고 있던 것에 체계적으로 지식을 더하는 경향성을 말하기 때문에 호기심을 뛰어넘는다.
- **지혜**(균형감)▶다른 사람에게 현명하게 조언해줄 수 있다. 세상을 보는 방식이 자신뿐만 아니라 타인에게도 타당하다.

② 용기 | 내·외부의 장애물에도 불구하고 목표를 달성하려는 의지와 관련된 정서적 강점 |

- **용감성**(용기)▶위험, 도전, 어려움, 고통에 위축되지 않으며 반대가 있을 때도 무엇이 옳은지 말한다. 인기가 없어도 신념에 따라 행동한다. 신체적 용감성을 포함하지만 거기 국한되지는 않는다.

- **끈기**(인내, 근면)▶일단 시작한 일은 끝을 맺는다. 장애물이 있더라도 행동을 계속한다. "장애물을 문밖으로 꺼내 놓는다." 과제를 완수하는 것에서 기쁨을 느낀다.
- **진실성**(정직)▶진실을 말하며 더 넓은 의미로 진실하게 보여주고 행동한다. 가식이 없으며 자신의 감정과 행동에 대하여 책임을 진다.
- **활력**(열정, 열의, 활기, 에너지)▶활기와 에너지를 가지고 삶에 임하며 일을 불완전하게 혹은 성의 없이 하지 않는다. 모험 같은 삶을 산다. 생기와 생동감을 느낀다.

③ **자애** | 다른 사람을 보살피고 친밀해지는 것과 관련된 대인 관계적 강점 |

- **사랑**▶타인, 특히 서로 공유하고 보살피는 사람과의 관계를 소중하게 여기고 사람들과 가깝게 지낸다.
- **친절성**(관용, 배려, 돌봄, 연민, 이타적 사랑, 다정함)▶다른 사람의 부탁을 들어주고 선행을 하며 사람들을 돕고 보살핀다.
- **사회지능**(정서지능, 인간적 지능)▶다른 사람과 자신의 동기와 감정을 잘 인식하며 서로 다른 사회적 상황에서 어떻게 행동하는 것이 적절한지 잘 안다. 다른 사람이 왜 그렇게 행동하는지 잘 안다.

④ **정의** | 건강한 공동체 생활의 기저가 되는 사회적 강점 |

- **시민정신**(사회적 책임감, 충실성, 팀워크)▶집단이나 팀의 일원으로서 열심히 일하며, 집단에 충실하고 자기 몫을 다한다.

- **공정성**▶공평과 정의의 개념에 따라 모든 사람을 동일하게 대한다. 개인적인 감정으로 타인을 편향되게 판단하지 않는다.
- **리더십**▶일이 진행되도록 집단을 격려하며 동시에 집단 내에서 좋은 관계를 유지한다.

⑤ 절제 | 지나침으로부터 보호해주는 강점 |

- **용서와 자비**▶잘못한 사람들을 용서하고 타인의 결점을 받아들이며 사람들에게 기회를 한 번 더 주고 복수하지 않는다.
- **겸손**▶자신이 성취한 것에 대하여 허세를 부리지 않는다.
- **신중성**▶신중하게 선택하고 지나친 모험을 하지 않으며 후회할 만한 말이나 행동을 하지 않는다.
- **자기조절**(자기통제)▶감정과 행동, 취향, 정서를 잘 조절한다.

⑥ 초월 | 넓은 우주와 연결성을 추구하고 의미를 부여하는 강점 |

- **감상력**(경외감, 감탄, 고상함)▶자연에서부터 예술, 수학, 과학, 일상의 경험까지 삶의 다양한 영역에서 아름다움, 탁월함, 뛰어난 기술을 인식하고 감상한다.
- **감사**▶좋은 일을 잘 알아차리고 감사함을 느낀다. 감사를 표현하는 데 시간을 들인다.
- **낙관성**(희망, 미래지향성)▶최선을 예상하고 그것을 성취하기 위해 노력한다. 좋은 미래가 나타날 수 있다고 믿는다.

- **유머**(명랑함)▶웃고 장난치는 것을 좋아하며 다른 사람에게 웃음을 선사하고 밝은 면을 본다. 농담을 잘한다.
- **영성**(종교적임, 신앙심, 목적의식)▶우주의 궁극적인 목적과 의미에 대하여 일관성 있는 신념을 가지고 있다. 더 큰 체계 내에서 어디에 적합한지 잘 안다. 행동을 이끌어주고 위안을 주는 삶의 의미에 대한 믿음도 가지고 있다.

https://www.viacharacter.org

강점은 어떻게 알아볼까?

꼭 진단을 해야만 강점을 알 수 있을까요? 배우 최민수 씨의 아내 강주은 씨가 한 이야기가 인상적이었습니다. 다른 사람들을 보면서 그 사람처럼 살고 싶다고 말하는 사람들이 있는데 이는 전혀 필요없는 말이라고요. 사람마다 각각 갖고 있는 재료가 다르기 때문에 자신이 가지고 있는 재료를 먼저 알고 나에게 맞는 길을 찾는 것이 중요하다고 말입니다.

강주은 씨가 말한 재료가 바로 각자 지닌 강점입니다. 어떤 아이는 쓰기에 강점을 보이고, 어떤 아이는 달리기에 강점을 보입니다. 이런 보이는 성과 강점 외에도 성격 강점으로 나타날 수 있습니다. 어떤 아이는 공감을 잘하고 어떤 아이는 창의적이며 어떤 아이는 의지가 강합니다. 이렇듯 재료는 각기 다릅니다. 그리고 그 재료에는 우열이 없습니다.

아이가 가진 재료를 잘 파악하려면 어떻게 해야 할까요? 잘 관찰하면 됩니다. 아이들은 항상 자신의 상태를 주변에 표현하고 있습니다. 그런데 대부분 그 신호를 무시하거나 자의적으로 평가하는 바람에 왜곡되는 경우가 많습니다. 누구에게나 강점이 있습니다. 강점 없는 사람은 없습니다. 타고난 강점을 개발하려면 무엇인지 잘 알아야 도와줄 수 있습니다.

끌림 / 빠른 학습 / 몰입 / 만족

- 끌림 Yearning 인지하지 못함에도 자꾸 끌려서 하는 것.
- 빠른 학습 Rapid Learning 어떤 일을 빨리 배우거나 익히는 것.
- 몰입 Timeless 시간이 흐르는 것도 모를 만큼 집중하는 것.
- 만족 Satisfaction 하는 중이나 하고 난 뒤에 즐거움을 느껴서 이것을 또 언제 할 수 있는지 기대하는 것. 힘들었지만 다시 하고 싶어 하는 것.

자꾸 무언가가 하고 싶고, 잘하고, 그것을 할 때는 시간 가는 줄 모르며, 하고 나면 또 하고 싶은 무언가가 바로 강점 신호입니다. 이 네 가지가 다 나타날 수도 있고 한두 가지만 보이기도 합니다. 엄밀하게 말하면 이는 재능talent의 신호입니다. 본능적으로 타고나는 특성이지요. 재능과 강점strength은 약간 다릅니다. 일례로 "구슬이 서 말이어도 꿰어야 보배"라는 속담에서 구슬은 재능이고 보배가 강점입니다. 누구나 더 끌리는 것이 있고 잘하는 것이 있습니다. 하지만 그것들이 있다고 해서 바로 행복해지거나 성과로 연결되지는 않습니다. 잘하는 것을 반복적으로 하고 그로 인해 성공 경험이 누적되었을 때, 재능은 마침내 강점이 됩니다.

재능talent과 강점strength의 선순환

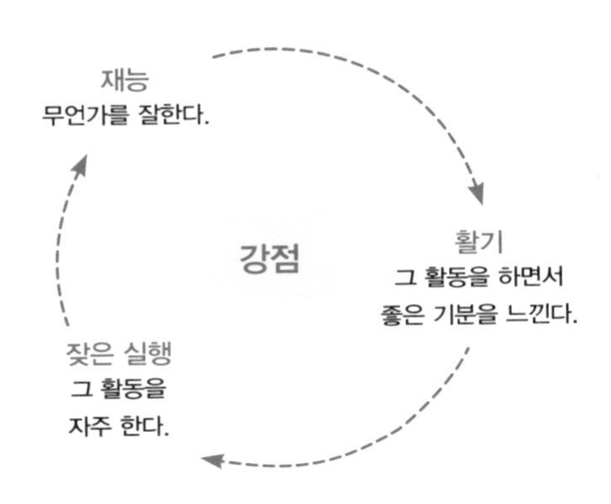

'재능, 활기, 잦은 실행.' 이 세 가지가 서로 피드백 고리를 형성하며 연결되면 재능이 강점의 형태로 나타납니다. 아이가 어떤 활동을 우연히 했는데 잘합니다. 잘하니 활기가 넘치고 자연스럽게 그 활동을 자주 하려고 합니다. 그러면 성과 수준이 더 올라가겠지요. 이것이 강점의 선순환입니다.

피아노 치는 것을 좋아하는 아이가 있습니다. 피아노를 칠 때 활기가 넘치는 아이를 본 부모가 아이에게 연주할 기회를 자주 줍니다. 이때 아이가 피아노에 재능이 있다면 자주 연습할 테고, 그러면서 실력이 향상되니 더욱 재미있고, 그 결과 강점이 되는 선순환 연결고리가 계속 이어지는 것입니다. 타고난 구슬이 비로소 꿰어져 보배가 되는 순간이지요.

여기서 이런 의문이 듭니다. 한번 잘한다고 칭찬을 받은 것이 동기유발이 되어 계속하면 타고난 재능이 아니라도 강점으로 길러질 수 있을까요?

저는 치과의사입니다. 오래 일했고 진료도 잘하는 편입니다. 환자와 보호자들과의 관계도 좋습니다. 그런데 치과 일을 하고 나면 너무 지칩니다. 때로는 이 일을 하지 않고 살 수 있으면 좋겠다고 생각합니다. 그래서 갈등과 방황이 시작되었습니다. 제일 잘하는 일인데 하면 힘드니 어떻게 해야 하나 한참 방황했습니다.

그러다 우연히 읽고 쓰기를 시작했지요. 산소통을 단 듯한 느낌이었습니다. 오전 진료를 마치고 점심시간을 쪼개 블로그에 글을 쓰고 나면 스트레스가 다 풀리는 기분이 들어 오후 진료에 힘을 낼 수 있었죠. 취미라서 그런 걸까 생각했습니다. 그래서 본격적으로 책을 쓰기 시작했습니다. 책을 쓰는 것은 아직 치과 일보다 내공도, 경력도 부족합니다. 평가도 치과의사로서보다는 낮습니다. 그런데 저는 너무 행복합니다. 읽고 쓸 때 비로소 내가 나답다고 느낍니다. 저의 대표 재능은 '배움, 수집, 지적사고'입니다.

재능은 그래서 숨길 수 없습니다. 재능을 발휘하지 못하고 차단되거나 방치하면 사람은 고통을 느낍니다. 재능이 아닌 부분도 계속 노력하면 좋은 성과를 낼 수 있습니다. 하지만 오랜 기간 활기를 느낄 수는 없습니다. 그게 바로 재능에 투자해야 하는 중요한 이유입니다.

하지만 아이를 바라볼 때는 어른과 달리 주의할 점이 있습니다.

아이들은 계속 변합니다. 지금 강점의 신호가 약해도 나중에는 크게 발현될 수도 있습니다. 그래서 강점 육아에서는 '관찰'을 강조합니다. 아이에게 주파수를 맞추되 뒤로 약간 물러서서 아이가 자신의 흥미와 능력을 탐험하도록 도와주고 어떤 결과가 발생하는지 지켜보는 것입니다. 우리가 '관찰'하면 아이들은 보여줍니다.

강점 육아는 아이를 보는 새로운 렌즈

한 무리의 아이들이 놀이터에서 놀고 있습니다. 한 아이는 수시로 높은 데서 뛰어내리거나 위험한 곳에 올라갑니다. 아슬아슬하고 불안합니다. 어릴 때부터 겁이라곤 없더니 다치는 게 일상입니다. 한 아이는 친구 곁에 찰싹 달라붙어서 귀찮게 합니다. 자다가도 친구가 부르면 달려나갑니다. 엄마 없이는 살아도 친구 없이는 못 살 것 같네요. 공부를 저렇게 좋아하면 얼마나 좋을까요. 한 아이는 쉴 새 없이 질문을 던집니다. 이건 왜 이런지 저건 왜 저런지, 엄마들과 이야기 좀 나누려 해도 아이 때문에 집중할 수가 없습니다. 아주 성가십니다. 한 아이는 아이들에게 계속 규칙을 일러줍니다. 규칙을 지키지 않는 아이에겐 계속 뭐라고 합니다. 얘가 융통성이라는 게 있어야 하는데 전혀 없습니다. 나중에 커서 어떻게 적응할지 걱정입니다. 한 아이는 놀이터 주변만 뱅글뱅글 돕니다. 친구들은 신나게 노는데 엄마 주변만 빙글빙글 돌며 이리저리 보기만 할 뿐입니다. 아기도 아닌데 엄마는 답답합니다. 같이 놀라고 아이를 등 떠밀어보지만 두리번거리기만 합니다.

놀이터에서 노는 아이 친구들의 모습입니다. 이 모습을 이렇게 다르게 바라봐 볼까요?

한 아이는 얼마나 '용기'가 뛰어난지 두려움이 전혀 없습니다. 새로운 환경도 아이에게는 재밌는 도전일 뿐입니다. 세상은 아이에게 신나는 놀이터입니다. 한 아이는 친구를 보살피고 친구의 감정을 잘 읽어줍니다. 새로운 친구들에게 먼저 다가가 어울릴 수 있도록 도와줍니다. '사랑'이 넘치는 아이입니다. 한 아이는 '호기심' 대장입니다. 일어나고 있는 모든 일이 아이는 흥미롭습니다. 세상이 너무 궁금합니다. 알고 싶고 묻고 싶은 것도 많습니다. 한 아이는 '공정성'이 뛰어납니다. 공정과 정의감이 남다릅니다. 공평과 정의의 개념으로 모든 사람을 동등하게 대합니다. 개인적인 감정이나 기분으로 사람을 판단하지 않습니다. 이 친구와 함께 있으면 안정감이 느껴집니다. 한 아이는 '신중'합니다. 충분히 관찰하고 생각한 뒤에 움직입니다. 신중하게 선택하고 지나친 모험을 하지 않으니 후회할 말이나 행동을 하지 않습니다.

똑같은 아이들에 대한 설명입니다. 이처럼 강점을 보는 것은 아이를 바라보는 '렌즈'를 바꿔 끼우는 행동입니다. 같은 세상을 살고 있지만 살아온 경험, 쌓아온 지식 등에 따라 세상을 바라보는 시각은 제각각 다릅니다. 마찬가지로 아이들을 보는 시각도 다릅니다. 똑같은 아이의 같은 행동을 바라볼 때도 시각에 따라 이렇게 달라질 수 있습니다.

아이의 강점을 이해하고 인식하는 것은 중요합니다. 거기에 더해 그 강점을 일상에서 발휘할 수 있도록 도와주면 구슬은 마침내 보배가 됩니다. 그러나 강점을 알아도 사용하지 않고 연습하지 않으면 일상에서 자연스럽게 발휘하기 어렵습니다. 다음 장에서는 이렇게 발견한 강점을 어떻게 활용할 수 있는지 살펴봅시다.

인생에서 진짜 비극은 천재적인 재능을 타고나지 못한 것이 아니라, 이미 가지고 있는 강점을 제대로 활용하지 못하는 것이다. _벤저민 프랭클린

4
어떻게 강점을 활용해야 할까?

타고난 재능인 강점 강화하기

'비서새'라는 새가 있습니다. 머리 뒤에 난 관모 모양이 비서가 귀에 펜을 꽂은 모습과 비슷하다고 해 붙여진 이름입니다. 비서새는 2m나 되는 큰 날개로 공중을 높이 날다 뱀이나 두더지를 발견하면 쏜살같이 내려가 낚아챕니다. 하지만 땅에 있는 도중 맹수의 습격을 받으면 재빠르게 날아 도망가지 않고, 있는 힘을 다해 달리기 시작합니다. 너무 당황한 나머지 자신이 날 수 있다는 사실을

잊어버린 것입니다. 그러다 결국 맹수에게 잡아먹히고 맙니다. 비서새가 자신만의 강점인 큰 날개로 날아가 버렸으면 될 텐데 왜 이럴까요?

뜻하지 않은 위험 앞에 당황해 자신의 능력을, 강점을 잊어버렸기 때문입니다. 그래서 아이의 강점을 발견하는 데 그치지 않고 그 강점을 더 잘 활용할 수 있도록 도와주어야 합니다. 벤저민 프랭클린Benjamin Franklin은 인생에서 진짜 비극은 천재적인 재능을 타고나지 못한 것이 아니라, 이미 가지고 있는 강점을 제대로 활용하지 못하는 것이라고 했습니다.

강점은 재능에서 시작된다고 했습니다. 아이가 못하는 것에 집중하지 말고 잘하는 것에 집중하는 것이 강점 육아의 시작입니다. 그리고 그 타고난 '재능'에 '투자'해서 '강점'화 하여 아이의 강력한 경쟁력이 되게 만드는 것이죠. 아이가 가지고 있는 재능을 계속 실행한다면(투자) 이 재능은 시간이 지나면서 더 빨리, 강하게 증대됩니다. 그 결과 아이는 다른 아이들보다 더 쉽게 좋은 성과를 낼 수 있습니다.

심리학자들은 이를 '승수 효과'라고 표현합니다. 스노우볼 효과snowball effect라고 하기도 합니다. 처음 눈을 뭉치기는 힘들어도 일단 눈덩이가 되면 급속도로 쉽게 커지는 것과 같은 원리입니다.

성공 경험 찾아보기peak experience

스스로 더 성장하고 나아지기 위해 익숙하게 쓰는 방법이 있습니다. 과거의 실패를 다시 곱씹어 보는 것이죠. 실패한 과거의 경험을 복기해 잘못한 것을 떠올리고 반복하지 않도록 다짐합니다. 그런데 사람은 잘 바뀌지 않습니다. 특히 안 되는 것을 잘하게 하기란 매우 어렵습니다. 과거의 실패를 반추하는 것이 그다지 효과가 없는 이유입니다.

반대로 성공 경험은 어떨까요? 우리는 실패 경험은 자주 곱씹고 되새기지만 성공한 경험은 대개 기뻐만 하고 지나칩니다. 때로는 당연하게 생각하고 넘어가지요. 아이들에게도 마찬가집니다. 자칫 거만해질까, 겸손을 가르쳐주기 위해서 등의 이유로 아이가 성공을 이루어도 마음껏 축하해주지 않습니다. 하지만 성공 경험을 축하하고 잘 이해하는 것은 매우 중요합니다. 사람이란 하던 대로 하는 경향이 큽니다. 안 되고 실패했던 것을 바꾸려고 하기보다는, 과거에 잘했고 성공했던 경험을 떠올려 그때 어떤 무기를 썼는지 생각하는 것이 훨씬 효과적입니다.

저는 강점을 '게임 아이템'이라고 표현하기도 하는데, 아이템의 특징을 잘 모르면 아무리 좋은 것을 장착해도 실전 게임에서 제대로 사용하지 못합니다. 훌륭한 날개를 갖고도 제대로 날아나지 못하는 비서새처럼 말입니다.

치과에서 만 6~7세는 매우 중요한 시기입니다. 물론 사회적으로도 학령기에 접어드는 나이이니 여러 변화가 일어나지만, 치과에서도 앞으로 치료의 반응을 결정할 때 매우 중요한 분수령이 되는 나이입니다. 그보다 어릴 때는 수면치료나 웃음 가스 등을 이용해 치료하는 경우가 많습니다. 아이들의 협조가 쉽게 이루어지지 않으니까요. 하지만 20kg이 넘어가는 만 6~7세가 되면 수면치료 효과가 떨어집니다. 아이들이 재우는 약의 힘을 이기기 때문이죠. 그래서 맨정신으로 치과 치료를 받는 첫 경험을 하는 경우가 많습니다. 이전 치과 치료 경험이 없던 아이들도 이 시기에는 만 6세 영구치인 중요한 어금니가 나오기 때문에 실란트 등의 예방적 처치가 필요합니다. 이 첫 성공 경험을 어떻게 가져가는지에 따라 향후 치과에 대한 아이들의 반응이 달라집니다.

치과 치료에 대한 구체적인 기술은 진단에 따라 표준화되어 있지만, 아이들은 모두 다르기 때문에 아이마다 개별화하여 치료에 접근하는 것이 저의 원칙입니다. 일단 가장 중요한 것은 관찰입니다. 응급이 아니라면 첫날 바로 치료하지 않습니다. 아이와 대화를 나누면서 기질과 강점을 파악하려고 합니다. 설명을 좋아하는 아이는 충분한 설명을 해줍니다. 관계를 중요시하는 아이에게는 좋은 관계가 되고 인정을 받으려는 욕구를 충족시켜줍니다. 용기 있는 친구는 용기에 대한 칭찬을 해주고, 신중한 친구는 충분한 시간을 갖고 기다려줍니다. 물론 이래도 잘되지 않는 아이들도 있습니다. 치과 치료는 매우 불편한 것이고, 힘을 내려 했지만 쉽지 않을 수도 있으니까요.

하지만 처음부터 끝까지 꼼짝하지 않고 치료를 잘 받는 것만이 성공은 아닙니다. 울음이 났지만 조금은 참아보려 했던 것도, 마구 말하고 싶었지만 선생님 지시대로 손들고 기다린 것도, 텔레비전이 잘 안 보였지만 화내지 않은 것도 모두 각자의 성공입니다.

저는 이 시기 아이들이 혼자 힘으로 치료를 받으면 항상 축하해 줍니다. 그리고 구체적으로 어떻게 선생님을 도와줘서 치료를 잘 받았는지 이야기해줍니다. 집에 돌아가서도 오늘 아이의 대단한 성공을 이야기하고 칭찬해주라고 부모님께 당부를 드립니다. 그러면 아이들은 이날의 성공 경험을 기억합니다. 그리고 자신이 이 시간을 어떻게 보냈는지 생각합니다.

아이의 성공 경험을 가족이 함께 나누는 시간을 갖기 바랍니다. 아이들은 부모님의 경험을 듣는 것을 매우 좋아합니다. "엄마는 이런 성공 경험이 있는데 지금 생각하니까 엄마가 잘하는 이것을 쓴 것 같아." "아빠는 이렇게 해서 회사에서 칭찬을 받았는데 ○○한 아빠의 강점을 이용한 것 같아." 아이가 처음에는 제대로 말하지 못할 수 있습니다. 우리 모두 이런 경험에 대해 말하는 게 익숙하지 않으니까요. 그럴 때는 치과에서의 경험을 이야기한다거나 선생님 혹은 주변 사람들의 의견을 들어도 좋습니다. 책을 보면서 주인공의 경험 속에서 사용한 강점을 같이 찾아보는 것도 좋은 방법입니다.

'자기효능감self-efficacy'은 자신이 어떤 일을 성공적으로 수행할 수 있다고 믿는 기대와 신념을 뜻하는 용어입니다. 캐나다의 심리학자 알버트 반두라Albert Bandura가 처음 소개한 개념으로, 자기효능감이 높은 사람은 도전적인 과제가 주어졌을 때 쉽게 포기하지 않고 더 많이 노력합니다. 인생을 살면서 도전이 없을 수 없습니다. 세상은 계속 바뀌고 아이들은 그 변화에 맞춰 나아가야 합니다. 그럴 때마다 뒤로 물러서는 아이와 "난 잘할 수 있어" 하고 나서는 아이는 달라질 수밖에 없습니다.

반두라는 자기효능감은 하루아침에 이루어지지 않고, 어린 시절에 형성을 시작하여 성장하면서 계속 습득하게 되는데, 자기효능감을 결정하는 가장 중요한 요인 중 하나가 성취 경험이라고 합니다. 아이가 자라면서 작은 성공 경험들을 계속 쌓아가는 것이 자기효능감 형성에 매우 중요하다는 말입니다.

매덕스Maddux 등은 자기효능감이 높은 사람들은 어려운 상황을 침착하게 다룬다고 했습니다. 성공 경험을 쌓아가고 그 경험들을 돌아보며 자신의 능력에 강한 신념을 가진 사람들이 더 자신감 있게 세상을 살아가는 것은 당연하지 않을까요?

물고기에게 나무를 타라고 하는 부모

현재의 학교 시스템이 만들어진 지 100년밖에 안 됐다는 사실을 아시나요? 급격한 산업화가 일어나면서 1900년대 초 미국에서는 많은 노동자가 필요했습니다. 당시 미국에서 고등학교를 졸업한 인구는 약 6퍼센트에 불과했고 도시에 이민자들이 대거 유입되면서 교육을 받지 않은 청소년의 수가 급속히 늘어납니다. 산업화에서 가장 중요한 '표준화'의 근거를 마련한 프레더릭 윈슬로 테일러Frederick Winslow Taylor의 이념을 계승한 테일러주의자들은 교육에도 이 '표준화'를 적용하기로 결정합니다.

이들이 선택한 학교 교육의 새로운 임무는 많은 학생들이 테일러화된 새로운 경제 활동에 참여 가능한 자격을 갖추게 하는 일이었습니다. 이 원칙에 따르면 학교는 특출한 재능을 길러주려 애쓰는 것이 아니라 평균적 학생을 위한 표준 교육에 힘써야 한다고 주장합니다. 우리에게 너무 익숙한 학교 종도 이때 도입되었습니다. 아이들이 미래의 직장생활에 정신적 준비를 갖추게 하려고 공장의 종을 흉내 낸 학교 종을 사용했다네요. 이 표준 교육에서 가장 중요한 것은 바로 '평균'입니다. 평균적인 학생의 양성이 학교의 최대 목표였습니다.

지금은 어떤가요? 4차 산업혁명이라는 정보화의 물결 속에서 우리 교육은 변화하고 있습니까? 21세기에 접어든 지 20년도 더 지난 지금에도, 우리 아이들은 누가 더 평균에 가까운지, 평균을 얼마나 뛰어넘을 수 있는지 평가받고 있습니다. 더 이상 정답이 없는, 평균이 사라지는 평균 종말 시대에 살고 있는데도 말입니다.

아이들은 각자의 재능에 따라 물고기도 있고, 나무늘보도 있고, 악어도 있고, 원숭이도 있습니다. 물고기는 물을 찾아가야 하는데 물고기에게도 악어에게도 "모두 나무를 타니까 너도 빨리 나무를 타라!"고 종용하고 있지는 않나요? 아이는 저마다 자신만의 강점을 타고납니다. 그 강점이 바로 아이의 경쟁력입니다. 이제는 다른 사람을 좇아서 흉내 낸다고 성공하는 시대가 아닙니다. 자신만의 차별성을 가지고 나만의 궤도를 그릴 수 있는 사람이 성공합니다.

유대인을 지칭하는 '헤브라이'는 '강 건너온 사람'이라는 뜻입니다. 여기서 유래하여 '혼자 다른 편에 서다'라는 의미도 있다고 합니다. 유대인들은 아이에게 "남보다 뛰어나라"는 요구가 아닌 "남과 다른 사람이 돼라"고 주문합니다. 자식이 최고가 되기를 바라지 않고 하느님이 각자에게 준, 남과 다른 독특한 달란트를 살려 창의적인 사람이 되기를 바란다고 합니다. '베스트'를 향하면 1등 외에는 다 실패합니다. '유니크'를 향하면 모든 사람이 다 성공할 수 있습니다. 부모도 베스트가 아닌 유니크를 위해 살아야 하고 아이도 그렇게 길러야 하지 않을까요.

앨버트 아인슈타인은 교육의 목적을 다음과 같이 정의합니다.

"교육의 목적은 기계적인 사람을 만드는 데 있지 않다. 인간적인 사람을 만드는 데 있다. 교육의 비결은 상호존중의 묘미를 알게 하는 데 있다. 일정한 틀에 짜인 교육은 유익하지 못하다. 창조적인 표현과 지식에 대한 기쁨을 깨우쳐주는 것이 교육자 최고의 기술이다."

맹점blind spot과 약점weakness

크고 멋진 배 한 척이 있습니다. 이 배가 더 빠르게 물살을 가를 수 있도록 최신식 엔진을 달았습니다. 수시로 엔진을 갈고닦아서 잘 작동하게 했습니다. 그런데 배 밑에 작은 구멍이 생겼습니다. 구멍이 있으면 아무리 최신식 엔진이 있어도 배는 앞으로 나갈 수 없습니다. 나간다 하더라도 구멍 때문에 속도가 느려지겠지요. 배를 나가게 하는 엔진은 강점, 구멍은 약점입니다. 구멍은 아무리 잘, 예쁘게 막아도 배를 움직이게 하지는 못합니다. 배를 움직이는 것은 엔진, 강점입니다. 하지만 구멍을 막지 않으면 배가 나가는 데 방해가 됩니다. 그래서 우리는 약점을 관리해야 합니다.

약점이 없는 사람은 없습니다. 누구에게나 강점이 있듯 약점도 있습니다. 하지만 약점은 고치기가 어렵습니다. 약점을 고치는 데 에너지를 쓰면 밑 빠진 독에 물 붓기처럼 효율성이 떨어집니다. 약점은 관리를 해주어야 합니다. 저는 운동신경이 조금 부족한 아이를 키웁니다. 아들은 달릴 때 다리를 옆으로 벌리고 뜁니다. 그러니 속도가 날 수 없지요. 달리기를 싫어하고 뛰어놀기를 즐기지 않습니다. 좋아하는 것은 쓰기입니다. 집 안에 노트가 가득합니다. 뭔가를 보거나 들으면 써야 합니다. 좋은 재능이죠. 하지만 초보 엄마의 눈엔 아이의 약점만 보였습니다. 남자아이인데 저렇게 운동을 안 하면 체력이 떨어지고, 체력이 떨어지면 학교에 가서 다른 아이들에게 치일까 걱정되었습니다. 그래서 아이를 유아 체능단에 끌고 갔습니다. 유아 체능단이 나쁘다는 말이 아닙니다. 그런 곳과 잘 맞아서 즐거워하는 아이들도 많지요. 하지만 제 아이는 아니었습니다. 몇 달간의 실랑이 끝에 아이에게 상처를 주고서야 저는 내려놓을 수 있었습니다.

제게만 일어나는 일은 아닐 것입니다. 미국의 한 조사에 따르면 77%의 부모들은 아이가 가장 낮은 성적을 받은 과목에 시간과 관심을 더 들인다고 대답했습니다. 아이의 약점을 파악하고 그것을 고치려고 노력해야 성공할 수 있다고 대답한 부모는 52%라고 합니다.

약점을 고치기는 쉽지 않습니다. 아니, 사실상 불가능에 가깝습니다. 약점은 늪과 같아서 빠져나오려고 할수록 더 깊이 들어갑니다. 그런데 약점에 집중하는 육아는 약점을 고칠 수 없는 데서 그치지 않습니다. 평생 약점을 지적받고 거기에 집중하며 성장한 아이는 자신의 강점을 잘 인지하지 못합니다. 많은 에너지가 약점에

쏠려 있기 때문입니다. 그래서 자신의 미래를 그려낼 때 올바른 방향을 찾지 못하고 쉽게 위축됩니다.

저의 부모님은 아이를 칭찬하면 오만해질까 걱정했습니다. 잘하는 것은 당연하게 여기고, 아이가 못하는 것에 집중하고 투자해주어야 훌륭히 자랄 수 있다고 생각했습니다. 저도 제 아이처럼 읽고 쓰기를 잘했습니다. 항상 무언가를 읽고 있었던 것 같아요. 제가 세상을 탐색하는 가장 쉬운 방법은 배움이었습니다. 그게 제게는 자연스럽고 편한 강점이었지요.

반면 저는 엄청난 덜렁이였습니다. 작년에 썼던 우산을 올해 다시 찾기가 쉽지 않습니다. 곳곳에 두고 다니기 때문이지요. 옷은 항상 칠칠하지 못하게 입고 다녔습니다. 제 어머니의 표현입니다. 그렇게 여기저기 흘리고 깔끔하지 않은 상태로 다니면 '다른 사람들'이 널 무시한다고 했습니다. 그래서 저는 40년 동안 누구인지도 모르는 '다른 사람들'이 나를 무시할까봐 온몸에 힘을 꽉 주고 다녔습니다. 칠칠치 못하게 보이지 않으려고, 덜렁대지 않으려고 말입니다.

그런다고 제 약점이 고쳐졌을까요? 약점이란 고치려 하면 힘들고 지칩니다. 완벽히 고쳐지지 않습니다. 저는 여전히 우산을 매년 어디에 두고 오고, 옷에 자주 뭔가를 흘립니다. 고쳐지지 않는 것들에 신경을 쓰느라 강점을 어떻게 키워야 하는지, 어떻게 사는 것이 나에게 좋은지 알지 못한 채 오랜 세월을 방황했습니다.

지금은 어떨까요? 저는 세상의 모든 곳에 우산을 기부한다고 생각합니다. 싼 우산을 넉넉하게 삽니다. 다루기 좋고 가벼운 옷을 사서 입고 버립니다. 그리고 사람들에게 저는 허당이라고, 그래서 길도 잘 찾지 못하고 잘 흘린다고 말합니다. 그런데 신기한 일이 생겨납니다. 그렇게 '다른 사람들'에게 무시당하지 않기 위해 온몸에 힘을 주고 다녔을 때는 오히려 무시를 당했습니다. 그런데 제 약점을 드러내고 나니 사람들이 저를 더 좋아하고 챙겨줍니다. 더는 약점에 신경 쓰지 않으니 강점에 더 집중할 수 있는 에너지가 생깁니다. 약점이 더 이상 약점이 아니게 되었습니다.

약점 알아채기

물건을 흘리고 다니고 옷을 깔끔하게 못 입는 것은 더 이상 제 약점이 아닙니다. 제 커리어나 인생에 큰 영향을 끼치지 않으니까요. 하지만 어떤 약점은 인생에, 일에 좋지 않은 영향을 주기 때문에 관리가 필요합니다.

저는 예상치 못한 상황에 쉽게 당황하는 약점이 있습니다. 오죽하면 인턴 시절 제 별명이 '흥당공'이었습니다. '흥분, 당황, 공부'를 잘한다고 동기들이 붙여준 별명입니다. 강점, 약점도 모르던 시절이었는데도 제 강점과 약점을 예리하게 파악했습니다. 저는 '적응' 테마가 약합니다. 적응 테마란 예상하지 못한 상황에서의 대처 능력입니다. 적응 테마가 약하면 변화에 반응하고 적응하기가 힘듭니다. 변화무쌍한 환경보다는 방식이나 체계가 정해져 있을 때 편안함을 느낍니다.

소아치과 의사인 저는 제 직업을 좋아하지만 힘들어 하기도 합니다. 아이들을 만나고 보호자와 대화하면서 에너지를 얻기도 하고, 치료를 통해 나아지는 아이들을 보면서 보람을 느끼기도 합니다. 그런데 퇴근 시간이 되면 손가락 하나 까딱거릴 힘이 없을 만큼 지칩니다. 3년 정도 일하면 그만두고 싶어 미치는 시기가 옵니다.

강점 공부를 하면서 그 이유를 알았습니다. 적응 테마가 약해서 예상하지 못한 상황을 견디기가 힘들었던 것입니다. 그런데 소아치과는 매일이 전쟁터입니다. 아이들은 돌발 파이터입니다. 똑같은 진단에 똑같은 치료계획이어도 반응이 같은 아이란 있을 수 없습니다. 어떤 아이가 올지, 아이의 반응이 어떨지 직접 접해야만 압니다. 나름의 방법을 터득해왔지만 제 약점인 분야를 계속 사용해야 하니 늘 지쳤던 겁니다.

이 부분은 제 일과 인생에 영향을 주고 있습니다. 그러니 관리가 필요한 약점입니다. 이렇게 약점을 제대로 '인지'하는 것은 중요합니다. 알았으면 이제 관리를 시작해야 합니다.

약점 관리하기

약점 관리의 시작은 받아들이는 것입니다. 자신의 약점이 무엇인지, 어떻게 방해되는지 파악합니다. 치료를 할 때도 진단이 가장 중요하지요.

받아들였다면 다음 단계는 약점을 최소화하기입니다. 약점을 완전히 고칠 수는 없지만 일과 삶에 방해되지 않게끔 최소화할 수는 있습니다. 자원시스템을 마련하거나 협업하기, 강점을 이용하는 방법 등으로 약점을 약화시킬 수 있습니다.

예상치 못한 상황에 쉽게 당황하는 저는, 그런 상황을 최소화하기 위해 시스템을 마련했습니다. 환자인 아이의 반응은 내가 어떻게 할 수 없는 영역이지만, 술자(치과의사)인 나는 조절이 가능하니까 치료 술식을 최대한 표준화하여 당황스러운 상황을 줄여갔습니다. '적응' 부분에 강점을 보이는 직원과 같이 일하며 도움을 받기도 합니다. 돌발 상황이 발생해도 직원의 대응을 보면서 저도 안정을 찾을 수 있습니다.

약점을 최소화하는 데 성공했다면 이번에는 강점을 활용해서 약점을 관리합니다. 저는 배움 부분에 상당한 강점이 있습니다. 배우는 것이 즐겁고 편하며, 세상을 받아들이는 수단으로 배움이 가장 편한 사람입니다. 그래서 공부를 시작했습니다. 내가 아는 술식을 더 배우고, 내가 쓰는 약물을 더 공부하면서 응급상황이 생겨도 지식과 경험과 연륜으로 대응할 수 있다는 자신감이 생기면서 약점이 등장하는 상황에서도 덜 지치기 시작했습니다.

강점을 이용해 약점을 관리한 사례를 하나 들어보겠습니다. 아홉 살인 현호(가명)는 어릴 적 저처럼 뭐든 잘 흘리고 다니는 친구입니다. "친구 집에 놀러갔다가 신발 한 짝만 신고 돌아온 적도 있어요. 신발을 하나만 신고 있다는 생각도 없었나 봐요. 학교 도서관에서 빌려오는 책은 집에 오기도 전에 어디에 흘렸는지 몰라서 이젠 아예 도서관에서 책을 빌려오지 말라고 해요." 부모님은 아이의 주의력 장애를 의심하며 걱정했습니다. 현호도 자꾸 물건을 잃어버리고 혼나니 점점 더 위축되어 갑니다.

우선 현호와 대화를 나누면서 강점을 찾아봅니다. 현호는 루틴에 매우 강한 아이였습니다. 부모님도 현호는 형과 달리 어릴 때부터 양치질하라는 잔소리 한번 한 적 없다고 말했습니다. 시간이 되면 알아서 이를 닦았고, 잠도 꼭 정해진 시간에 자야만 마음이 편한 아이라고 합니다.

현호의 약점 관리에 현호의 강점을 사용해봅니다. 부모님은 현호의 물건이 있어야 하는 위치를 검은색 테이프로 표시해놓았습니다. 현호가 신발, 겉옷, 가방, 책 등을 주로 놓는 곳에 테이프로 사각형을 붙였습니다. 그리고 그 자리에 해당 물건을 두도록 현호에게 루틴으로 반복해 인지시켰지요. 가방을 다른 데 놓고 왔다가도 그 표시를 보고는 다시 돌아가서 가져오는 시행착오를 몇 번 거친 후,

현호는 물건-표시 사이의 루틴을 인지하게 되었습니다. 표시하기는 특별한 방법도 아니고 다른 아이들에게는 효과가 없을 수 있습니다. 하지만 현호처럼 루틴을 지키는 데 강점을 가진 아이에게는 효과적이었지요. 결국 현호는 덜렁거리는 성격을 고칠 수 있었을까요?

"마킹 방법은 현호에게 꽤 효과가 있었습니다. 무엇보다 큰 성과는 현호가 더는 주눅 들지 않는다는 점이에요. 그런데 제게는 현호의 강점과 약점을 알게 된 것이 큰 성과였습니다. 앞으로도 현호는 빈도는 덜해질지 모르겠지만 계속 물건을 흘리고 다니겠지요. 하지만 그게 현호인걸요. 이제 좀 더 편하게 현호를 바라볼 수 있을 것 같습니다." 현호 어머니의 말처럼 약점보다는 강점에 더 집중하게 되면 아이를 이해하게 됩니다.

현호나 저나 약점을 관리할 수 있는 강점이 있었습니다. 하지만 약점에 대응할 수 있는 강점을 갖지 못한 사람도 많습니다. 그리고 아무리 약점에 집중한다고 해도 약점을 극복할 수는 없습니다. 현호는 계속 물건을 잃어버릴 테고, 저는 계속 예상하지 못한 상황에 당황하겠지요. 그게 현호이고, 그게 바로 저입니다. 약점은 내 삶을 방해하지 않을 정도로 관리만 해주면 됩니다.

배의 구멍을 꽃무늬 자수로 한 땀 한 땀 막든, 나무로 뚝딱 막든 차이가 없습니다. 물만 새지 않으면 됩니다. 구멍을 꽃무늬 자수로 막을 에너지와 노력은 배의 엔진에 써야 합니다. 그래야 배가 더 빨리, 더 멀리 나갈 수 있으니까요. 약점은 약점일 뿐입니다. 결국 우리를 성장시키고 앞으로 나아가게 하는 것은 '강점'입니다.

갤럽에 따르면 자신의 강점에 집중하는 사람은 자기 삶의 질이 높다고 평가할 확률이 그렇지 않은 사람보다 3배 높으며, 업무에 몰입할 가능성도 6배나 높다고 합니다. 강점 육아가 중요한 이유입니다.

어느 난독증 아이의 이야기

레아 아들러에게는 세 딸과 아들 하나가 있었습니다. 지금은 모두 성장해서 잘 살고 있지만 아이들이 어렸을 때 레아는 고민이 많았습니다. 특히 아들 스티브 때문이었죠. 스티브는 난독증이 있어서 학교 수업을 잘 따라갈 수 없었습니다. 스티브는 어떤 일을 끝까지 해내기를 매우 힘들어했습니다. 간단한 페인트 작업을 부탁해도 스티브는 일이 끝나기 전에 그만두기 일쑤여서 마무리는 늘 레아 담당이었죠. 사람들은 레아에게 스티브가 자기가 맡은 일을 완수하도록 따끔하게 가르치라고 했습니다. 난독증이니 학교 과제 등을 부모가 더 적극적으로 봐주어야 한다고요. 하지만 레아의 생각은 달랐습니다. 스티브가 어려워하는 읽고 쓰기보다 스티브가 잘하는 것을 도와주어야 한다고 생각했습니다.

스티브가 여덟 살 때 스티브 가족은 가족 캠핑을 촬영하기 위해 8mm 코닥 무비 카메라를 삽니다. 스티브는 아버지가 찍은 장면이 마음에 들지 않았습니다. 열두 살이 된 스티브는 자신이 아버지 대신 가족의 카메라맨이 되겠다고 제안했습니다. 그때부터 카메라를 갖고 노는 재미에 푹 빠진 스티브는 어느 날 레아에게 체리 30캔을 사다달라고 부탁했습니다. 그러고는 그것을 압력솥에 넣고 폭발하는 영상을 찍다가 주방 수납장을 부서뜨렸습니다. 체리 범벅이 된 주방은 덤이었죠.

스티브가 친구들과 사막에서 촬영하고 싶다고 하면 레아는 사막으로 데려다주었습니다. 체리 범벅이 된 주방을 닦으면서, 사막 모래로 엉망이 된 차를 털면서, 레아는 관심사에 집중하고 카메라에 재능을 보이는 아들의 모습이 신기했습니다.

레아가 믿어주었던, 다른 사람이 보기엔 괴짜였던 이 아이는 훗날 〈E.T.〉, 〈인디애나 존스〉, 〈쉰들러 리스트〉 등을 만든 유명 영화감독이 됩니다. 스티븐 스필버그Steven Spielberg의 이야기입니다.

레아가 만약 스티브의 난독증을 고쳐야겠다며 읽기 쓰기에 더 집착하고 가르쳤다면 어떻게 되었을까요? 그런다고 스티브의 난독증이 좋아졌을까요? 약간은 좋아졌을지도 모릅니다. 하지만 분명 스티브는 약점에 신경 쓰느라 본인이 좋아하는 영화에 재능을 보일 기회가 줄었을 것입니다.

사람이란 복잡한 존재이기에 자라면서 어떤 모습이 나올지 아무도 모릅니다. 어떤 재능도 없어 보이는 아이도 있을지 모릅니다. 하지만 잘 관찰해보면 아이가 쉽게, 즐겁게 하는 것이 분명히 보입니다. 아이에게 편한 것, 아이가 가장 잘하는 것을 더 많이 하도록 격려한다면 지금은 별 차이가 보이지 않아도 미래에는 큰 차이로 나타납니다.

5
강점을 아는 아이가 자기주도적이다

내 아이가 특별하다는 부모의 믿음

"너 자신이 누구에게도 뒤진다는 생각을 하지 말거라. 언제나 너는 특별한 사람임을 명심해야 한다."

35세에 최연소 노벨 평화상을 수상하고 흑인 인권운동의 아버지로 알려진 마틴 루터 킹Martin Luther King 목사의 어머니는 집을 나서는 아들을 향해 매일 이렇게 말했습니다. 그 말을 들으며 루터 킹 목사는 자신이 특별한 사람임을 마음에 새겼다고 합니다. 흑인이라는 핸디캡도 얼마든지 뛰어넘을 수 있다는 믿음으로 "나에게는 꿈이 있습니다I have a dream"라는 유명한 연설을 했고, 모든 사람이 평등한 세상을 꿈꾸며 인권운동의 힘든 길을 걸어갔습니다. 훌륭한 리더였고 선구자였던 그 덕분에 요원해 보였던 흑인 평등의 길이 열렸습니다.

킹 목사가 흑인 인권 지도자의 꿈을 꾸고 세계적인 리더가 될 수 있었던 것은, 스스로 특별한 사람이라고 생각하고 리더로서 책임감을 느낄 수 있게 북돋아준 어머니 덕분이라고 훗날 밝히기도 했지요. 그의 어머니는 자녀가 리더가 될 수 있도록 자신감을 불어넣어 주는 것을 교육의 원칙으로 삼았고, 그러한 교육을 받은 킹 목사는 자신도 모르게 리더로서의 사고방식을 터득한 것입니다.

우리는 아이가 리더가 되기를 원합니다. 수동적인 자세로 인생에 끌려가지 않고, 킹 목사처럼 주체적으로 살기를 원합니다. 그러기 위해서 중요한 것이 '자기주도성self-authorship'입니다. '자기주도 이유식', '자기주도 학습' 등 언젠가부터 육아에 '자기주도'가 유행처럼 붙기 시작했습니다. 하지만 아이에게 당근 스틱을 쥐여준다고 해서, 혼자 공부할 시간을 준다고 해서 자기주도성이 길러질까요?

케건Kegan 박사가 처음 제시한 '자기주도성'이라는 개념은 사람들이 "문제를 분명히 하고 해결을 시도하며 잘 진척되는지 판단하기 위해 다른 사람에게 의존하기보다 스스로 시작하고 교정하며 평가하는 것"입니다. 타인에게 의존하지 않고 자신이 직접 문제를 해결해 나가는 것이지요. 그럼 어떻게 스스로 판단하고 결정할 수 있을까요?

아이들은 걸음마를 시작하면서 세상을 탐색해 나갑니다. 하지만 몇 발자국 걸으면 엄마가 있는지 뒤돌아 확인하지요. 신뢰를 바탕으로 세상을 탐구하는 것입니다. 그러다 자신감이 붙은 만 3~4세에 "내가! 내가!"가 시작됩니다. 다 내가 하겠다는 시기로 자기주도성이 폭발합니다. 이 시기의 아이는 자기가 무엇을 할 수 있고 할 수 없는지 모릅니다. 일단 하겠다고 덤벼들 뿐입니다. 바로 이때가 중요합니다. 웬만하면 아이가 하도록 지지해주면 좋습니다. 하지만 경계를 설정해주어야만 합니다.

세상은 아이에게 녹록지 않습니다. 아무런 안전장치 없이 세상에 뛰어들면 아이는 따끔한 맛을 볼 수밖에 없습니다. 도전했는데 실패만 반복하면 어떻게 될까요? 아이는 저절로 움츠러듭니다. 안전한 울타리 속에서 부모의 신뢰를 바탕으로 작은 성공 경험을 반복하다 보면 자신감을 갖게 되고 결국 나중에는 울타리를 넘어 세상에 도전할 수 있습니다.

강점에 맞추어 자기주도를 가르치라

"아이를 사랑하는 엄마는 아이가 혼자 서는 법을 가르친다. 엄마는 아이에게서 떨어져 언제라도 아이에게 팔을 뻗을 준비가 되어 있지만 아이를 붙들어 주지는 않는다. 아이가 넘어질 듯 뒤뚱거리면 엄마는 마치 아이를 잡아주려는 듯 허리를 구부린다. 그러면 아이는 자신이 혼자 걷는 게 아니라는 믿음을 갖게 된다. 게다가 자신을 보고 있는 엄마의 얼굴을 바라보며 별 어려움 없이 자기의 길을 간다. 아이는 필요하다면 언제라도 엄마의 품이라는 피난처로 뛰어들 수 있다. 아이는 자신에게 엄마가 필요하다는 것을 의심치 않지만, 엄마 없이도 혼자 할 수 있다는 것을 증명해 보인다. 왜냐하면 그는 지금 혼자 걷고 있기 때문이다."

철학자 키에르케고르S. Kierkegaard가 말한 어머니의 역할입니다. 아이의 손을 잡아끌고 엄마가 원하는 쪽으로 이끄는 것이 아니라, 아이가 앞서가되 언제든 엄마의 품으로 뛰어들 수 있도록 근처에서 지켜봐주는 것입니다. 이렇게 세상을 안전하게 탐색하면서 아이는 작은 성공 경험들을 쌓아갑니다. 동시에 혼자 할 수 있다는 자신감이 생기며 홀로 서게 됩니다. 이것이 진정한 자기주도성입니다.

여기서 중요한 것이 강점입니다. 아이마다 세상을 탐색하고 받아들이는 방식이 다릅니다. 이때 기질을 이용하기도 하고, 자신의 강점을 사용할 수도 있지요. 그런데 우리는 아이의 다름과 개별성을 인정하지 않고 대개 옆집 아이에게 맞는, 또는 성공한(육아에서 성공이 뭔지는 모르겠지만) 엄마가 했다는 방법을 아무 비판 없이 가져옵니다.

어릴 때 저는 시간 맞춰 푸는 학습지를 매우 좋아했습니다. 한 장을 푸는 동안 시간을 재는데 그 시간을 줄이는 것이 너무 쫄깃쫄깃해서 저의 성취 욕구를 자극했습니다. 시간을 단축시키는 것이 재미있어서 빨리 풀고 싶었고, 빨리 풀면서 연산 실력이 좋아졌지요. 제게는 이 방법이 매우 효과적이었기에 엄마가 된 저는 그 학습지를 아이에게 권했습니다. 그리고 초시계를 내밀었습니다. 그런데 아이는 가슴이 너무 두근거려서 문제를 못 풀겠다고 하더군요. 시계가 째깍대는 소리만 들려도 집중이 안 된다면서요.

엄마에게는 효과적이었던 방법이 아이에게는 역효과였습니다. 아이에게 숙제 시간을 어떻게 보내면 좋겠는지 묻고 아이를 관찰합니다. 아이는 가족과 함께 뭔가 하기를 좋아하는 동시에 공평한 것을 매우 중요시합니다. 엄마가 일하고 있는데 아빠가 놀면 아빠에게, 아빠만 계속 집안일을 하면 엄마에게 뭐라고 하지요. 그래서 아이의 학습지를 쳐다보고 시간을 재주는 대신, 아이가 힘든 도전을 하는 시간에 엄마인 저도 힘든 도전을 같이하기로 했습니다. 저의 경우엔 운동이 가장 하기 싫고 힘든 도전이어서, 아이가 숙제를 시작하는 시간에 저는 매트를 폈습니다. 30분 각자 스스로 힘든 도전을 하고, 그 이후에는 신나게 놀기로 합니다. 그랬더니 제가 시간을 단축시키며 느꼈던 성공 경험을 아이는 엄마와 함께 그 시간을 도전하는 것으로 채워갔습니다. 저의 강점은 '성취'이고 아이의 강점은 '신뢰'와 '공정'입니다.

강점을 알면 자신감도 커진다

린다 캔트웰Linda Cantwell 교수는 강점 기반 교수법과 전통적인 교수법의 차이를 연구했습니다. 전통적인 교수법으로 배운 통제집단의 학생들은 가장 수행이 저조하고 향상시키기 위해 많이 노력해야 하는 영역에 초점을 맞추어 피드백을 받았습니다. 강점 기반의 실험집단 학생들에게는 강점과 재능을 확인하는 검사를 실시하고, 학습과 수행을 향상시키기 위해 강점을 적용하는 방법을 알려주었습니다. 강점 기반의 실험집단 학생들은 가장 잘했던 것은 무엇인지, 그 영역에서 수행을 잘하게 만든 강점은 무엇인지, 수행을 향상시키기 위해 강점을 어떻게 계획적으로 적용할 수 있는지에 초점을 맞추어 피드백을 받았습니다.

결과의 차이는 놀라웠습니다. 강점 기반 실험집단의 학생들은 학업에 더 많이 참여했고, 학습과정에 대하여 더 높은 수준의 만족과 수행을 나타냈습니다. 또한 강점 기반 접근은 많은 교육자가 학생에게서 보고 싶어 하는 일련의 모범적인 행동 양식(개근, 시간 엄수, 참여도)을 만들어냈다고 합니다.

강점 기반 교육은 두 가지 측면에서 학생들의 동기를 유발시킨다고 연구자들은 말합니다. 강점을 인식할수록 자신감이 증가하고(Anderson, Schreiner & Shahbaz, 2003, 2004) 희망이 증가한다고(Lopez&Synder, 2003) 말입니다. 자신이 잘하는 것을 인정받고 그 잘하는 것이 반복되면 자신감이 생기고 즐거워집니다. 우리 아이의 자기주도성도 바로 이 지점에서 생깁니다.

아이의 강점을 인식하고 아이가 그 강점을 활용해 성공 경험을 쌓아가도록 하면, 어느새 자신감과 즐거움이 커지면서 '내 인생은 내가 결정하고 판단해서 살 수 있다'는 자기주도성이 형성됩니다.

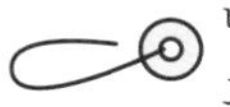

나는 실패한 적이 없다.
그것이 작동하지 않는 1만 가지 경우를 찾았을 뿐이다. _토머스 에디슨

6
강점과 도전정신

회복탄력성을 가진 아이

부모들에게 자녀가 어떤 능력을 갖기를 원하냐고 물으면 많이 언급되는 단어가 있습니다. 바로 '회복탄력성resilience'입니다. 크고 작은 다양한 역경과 시련에 대한 인식을 도약의 발판으로 삼을 수 있는 마음의 근력을 의미합니다. 부모가 되면 세상이 녹록지 않음을 절감합니다. 그래서 아이를 낳아 기르는 일은 크나큰 기쁨이지만, 앞으로 이 아이가 마주할 세상의 수많은 시련을 생각하면 마음

이 시려옵니다. 아이 앞에 놓인 걸림돌을 다 치워주고 싶지만 그럴 수 없음을 알기에, 아이가 역경들을 마주할 때 단단하기를 마음 깊이 바랍니다.

이런 회복탄력성은 어떻게 키워줄 수 있을까요? 탄력성이란 말 그대로 늘어났다가 다시 되돌아가려는 성질입니다. 되돌아가려면 먼저 늘어나야 합니다. 회복에 탄력성을 가지려면 쓰러지고 실패해야 합니다. 넘어지지 않았는데 일어나는 법을 어떻게 알겠습니까? 걸음마를 시작하는 아기는 수십 번, 수백 번 엉덩방아를 찧기 일쑤입니다. 넘어지고 또 넘어지지만 계속 도전하여 마침내 두 발로 걸을 수 있습니다. 이처럼 시도하고 쓰러져봐야 일어설 수 있습니다. 아이들은 태어나면서부터 도전을 시작합니다. 누워만 있다가 기고, 앉고, 일어서고, 걷고, 달리고, 말하고, 학교에 적응하는 모든 과정이 도전입니다.

그런데 아이를 사랑하는 마음이 지나친 나머지 아이가 실패하고 넘어질 수 있는 기회를 차단해버리는 부모가 많습니다. 절대 실패하지 않으려는 생각으로 평생을 산다면 어떨까요? 매사에 무척 조심스러울 것입니다. 조금이라도 위험한 일은 피하고, 완벽하게 해낼 수 없는 일은 시도조차 하지 않을 겁니다. 그런데 요즘 세상에서 그렇게 살 수 있을까요? '평생직장'이라는 개념이 사라지는 시대입니다. 계속 새롭게 배우고 성장해야 합니다. 실패나 실수를 두려워한다면 새로운 것을 배우고 도전할 수 없습니다.

토머스 에디슨Thomas Edison이 전구를 발명할 때 자꾸 실패하니까 누군가 묻습니다. "그렇게 계속 실패하는데 왜 계속합니까?" 그러자 에디슨은 이렇게 말합니다.

> "나는 실패한 적이 없다. 그것이 작동하지 않는 1만 가지 경우를 찾았을 뿐이다."

정말 멋진 말입니다. 에디슨은 작동하지 않는 1만 가지 경우를 찾았기 때문에 마침내 작동하는 전구를 발명할 수 있었습니다. 여기서 중요한 것은 실패를 바라보는 관점입니다. 실패는 잃은 것이 아니라 얻은 것이라고 생각했기에 계속할 수 있었던 것입니다.

부모의 실수를 아이와 공유하기

한 아이에게 엄마가 권합니다. "축구를 배워보면 어떨까?" 아이는 대답합니다. "나는 축구를 못해서 배우기 싫어요." 흔히 볼 수 있는 상황이지요. 그런데 이상하지 않나요? 학원을 다니는 이유는 잘하지 못해서입니다. 잘하지 않으니까 배우려고 가는 건데, 못하기 때문에 배우기조차 싫다고 합니다. 이런 모습은 아이뿐 아니라 어른들에게서도 흔히 볼 수 있습니다. 무언가를 배우려면 일단 내가 모른다는 사실을 인정해야 합니다. 나에게 약한 부분이 있다는 것을 드러내야 합니다. 하지만 쉽지 않은 일입니다. 사람은 취약성을 드러내는 데 익숙하지 않기 때문입니다.

'드라이 소켓dry socket'이라는 치과 질환이 있습니다. 발치 후 생길 수 있는데 매우 위험한 질환입니다. 대부분 발치나 수술 후 피가 나는 것을 두려워하는데, 정말 위험한 것은 피가 나지 않는 상황입니다. 발치 공간에 차오르는 피는 영양분을 실어 날라서 그 부위의 치유를 돕습니다. 하지만 피가 차지 않으면 치유가 일어나지 않아서 감염의 원인이 되고 통증도 극심해지지요. 그런데 피가 나려면 무엇이 선행되어야 할까요? 먼저 그 부분에 상처가 나야 합니다. 싸고 있던 막을 걷어내고 상처로 인해 피가 고여야 새살이 날 수 있습니다. 좀 거북하고 힘들더라도 자신의 취약성을 알아차리고 인정해야만 새살이 돋아나듯 앞으로 나갈 수 있습니다.

이를 위해 부모가 먼저 자신의 실패 경험이나 취약성을 아이와 공유하는 것도 좋은 방법입니다. 우리는 부모이니 아이에게 항상 훌륭하고 똑똑하고 능력 있는 모습을 보여야 한다고 생각하지만, 사실상 불가능한 목표이지요.

얼마 전 한 기업을 대상으로 온라인 강점 강의를 했습니다. 소그룹을 만들어 진행해야 하는데 갑자기 시간 설정을 변경할 수 없었습니다. 그러자 저의 약점이 드러나기 시작했습니다. 얼굴이 벌겋게 달아올랐습니다. 다행히 저는 제 약점을 알고 있어서 재빨리 다른 사람의 도움을 받아 잘 마무리할 수 있었습니다. 아이에게 그 이야기를 해주었습니다. "엄마가 강의하는데 갑자기 작동이 안 되는 거야. 너무 부끄러워서 얼굴이 사과처럼 새빨개졌어, 하하하!" 그랬더니 아이의 눈이 동그래집니다. 엄마가 강의하기를 좋아하고 잘한다고 생각했는데 엄마도 그런 실수를 했다는 사실이 신기하고 재밌었나 봅니다.

우리 부부는 종종 아니 자주 실패와 실수 경험담을 아이와 공유합니다. 당시의 감정이나 생각, 느낀 점도 솔직히 이야기합니다. 부모가 취약성을 드러낸다고 해서 아이에게 무시받지 않습니다. 오히려 부모가 완벽하려고 하는 갑옷 뒤에 숨으면 아이도 부모 뒤에, 혹은 자신만의 갑옷 속에 숨어버릴 것입니다.

어느 부모도 완벽할 수 없습니다. 완벽할 필요도 없습니다. 오히려 완벽주의자 부모 밑에서 자란 아이들은 더 위험 회피형이 된다는 연구보고도 있습니다. 부모의 실패, 실수 경험을 공유하고 거기서 느낀 점을 나누면 아이는 부모를 통해 실패를 어떻게 대해야 할지, 내 약점을 어떻게 마주해야 할지 배웁니다. 모든 상황에 긍정적인 면과 부정적인 면이 있고 넘어지면서 배울 수 있다는 사실을 알게 되지요.

세상은 넓고, 끊임없이 급변하고 있습니다. 늘 품 안의 자식처럼 아이를 품고 살 수는 없습니다. 아이가 세상에 호기심을 품고 한발 한발 걸어 나갈 수 있는 용기를 발휘하도록 뒤에서 응원하는 것이 부모의 역할입니다.

생은 풀어야 할 숙제가 아니라 생기를 불어넣어야 할 비밀이다. _토머스 머튼

7
자존감을 키워주는 강점의 힘

세상에서 가장 사랑스러운 아이

존 버닝햄John Burningham의 그림책《세상에서 가장 못된 아이》에는 어른이 어떻게 대하는지에 따라 달라지는 아이의 모습이 나옵니다. 주인공 에드와르도는 방을 어지럽히고 떠들며 동생과 강아지를 괴롭힙니다. 이런 주인공의 모습을 보며 어른들은 “세상에서 가장 못된 아이”라며 화를 내고 손가락질합니다. 못된 아이라고 할수록 에드와르도는 더 못된 행동을 합니다.

그러던 어느 날 에드와르도는 주위 어른들과 다르게 반응하는 한 신사를 만납니다. 에드와르도가 화분을 발로 뻥 차버리는 바람에 화초가 흙 위로 떨어집니다. 그 모습을 본 신사는 에드와르도에게 "정원을 가꾸기 시작했구나"라고 칭찬합니다. 그리고 다른 식물들도 함께 심어보라고 격려해줍니다. 그러자 에드와르도는 다른 식물들도 심기 시작했고 나중에는 정원 전체를 가꾸게 됩니다.

이후에도 에드와르도는 못된 행동을 계속하지만 이제 어른들의 시선이 달라졌습니다. 개에게 물을 뿌려도 "개를 씻겨주려고 했구나"라며 칭찬하고, 강물에 뛰어들었더니 누군가가 깨끗이 씻기고 옷을 다려주어 '가장 깨끗한 아이'라고 칭찬받습니다. 여전히 에드와르도는 여느 아이들처럼 '때때로 어수선하고, 사납고, 지저분하고, 방도 어지럽히고, 눈치 없고, 시끄럽게 떠들고, 못되게 굴고, 버릇없게 굴기'도 하지만 '세상에서 가장 사랑스러운 아이'입니다.

아이에게 이 책을 읽어주다가 눈물이 주르륵 흘러내렸습니다. 책의 시작부터 끝까지 에드와르도는 그냥 쭉 계속 에드와르도입니다. 그런데 그 아이를 대하는 어른들의 시선과 태도에 따라 '세상에서 가장 못된 아이'는 '세상에서 가장 사랑스러운 아이'가 됩니다.

자존감self-esteem은 자신을 존중하고 사랑하며, 가치 있는 존재라고 여기는 마음입니다. 즉 나를 나답게 살 수 있도록 이끄는 힘입니다. 자존감이 높은 사람은 다른 사람들과 긍정적인 관계를 맺으며 스트레스 상황에서도 유연하게 대처합니다. 자신을 존중하려면 내가 존중받을 만큼 괜찮은 사람이라는 믿음이 있어야 합니다. 그 믿음의 근간이 되는 것이 아이를 둘러싸고 있는 부모, 선생님 같은 어른들의 말과 태도입니다. 주변 사람들에게 격려와 칭찬을 많이 받을수록 자존감이 높지만, 부정적인 피드백을 계속 받은 아이들은 자존감이 낮을 확률이 높습니다.

아이의 자존감은 강점에서 나온다

긍정심리학자 마틴 셀리그먼Martin Seligman은 "아이를 잘 기르는 것은 그 아이가 지닌 단점을 고치는 것이 아니다. 아이가 지닌 강점과 미덕을 파악하고 계발해줌으로써 아이가 자신에게 맞는 긍정적인 특질을 최대한 발휘하게 해주는 일"이라고 말했습니다. 우리는 아이가 잘 자라길 원합니다. 그래서 아이가 바르게 자랄 수 있도록 가르치고 고쳐주어야 한다고 생각합니다.

그러나 아이러니하게도 아이들은 잘한 행동에 관심받지 못한 상태에서 잘못한 것만 지적받으면 금세 기가 죽어버리거나 하기 싫다는 반항심만 더 키우고 맙니다. 어느 쪽도 자존감에 좋지 않습니다. 자존감을 키워주려면 먼저 아이가 잘하는 것을 알아봐 주어야 합니다. 그리고 에드와르도의 상황처럼 아이를 보는 나의 렌즈, 인식을 바꿔야 합니다.

성급하고 고집 센 아이 ➡ 주도적이고 추진력 강한 아이

고지식하고 융통성 없는 아이 ➡ 성실하고 끈기 있는 아이

우유부단하고 결단력 없는 아이 ➡ 온화하고 배려심 있는 아이

시끄럽고 산만한 아이 ➡ 활달하고 사교성 좋은 아이

같은 아이입니다. 같은 아이를 어떻게 바라보느냐에 따라 완전히 다른 아이가 됩니다. '스티그마 효과stigma effect'는 낙인효과라고도 하는데, 못된 아이라고 하면 못된 아이가 됩니다. 모자란 아이라 생각하면 모자란 아이처럼 행동합니다. 다른 사람에 대한 기대나 예측대로 실현되는 효과를 뜻합니다.

모든 아이에게는 각자의 강점과 약점이 있습니다. 약점에 맞춰져 있던 부모의 렌즈를 강점으로 돌리면 아이도 달라집니다. 자신의 강점을 알고 그걸 활용할 수 있는 아이는 자신을 가치 있는 존재라고 여깁니다. 자존감 높은 아이는 '나는 할 수 있어'라는 긍정적인 자기암시를 많이 하고, 다른 사람도 가치 있고 귀하게 대합니다. 선부른 판단이나 무시를 하지 않으니 자연히 대인관계도 원만하지요.

생후 6개월부터 아이는 부모의 반응을 통해 자신에 대한 이미지를 형성합니다. 아주 어린아이에게도 부모의 말과 행동이 주는 느낌은 고스란히 눈을 통해 가슴으로, 가슴을 통해 온몸으로 전해집니다. 자존감은 살아가는 데 무엇보다 큰 힘입니다. 아이가 자신을

사랑하고 인정하는 마음을 갖도록 돕는 일, 바로 자존감을 길러주는 일이야말로 그 무엇보다 중요합니다.

부모의 자존감 회복이 먼저

제가 처음 아산병원에 가고 싶다고 했을 때 어머니는 이렇게 반응하셨습니다. "그렇게 좋은 병원을 네가 어떻게 가겠니?" 혹시 조금 놀라셨을까요? 저는 친딸이 맞고 어머니는 자식을 위해 평생을 살뜰하게 헌신한, 보통의 어머니입니다. 그런데 종종 저런 말씀을 합니다. 처음에는 너무 서운했습니다. '어떻게 남도 아니고 부모가 자식의 기를 저렇게 꺾으시냐. 정말 너무하다.'

그런데 제 강점을 알고 그를 통해 자존감을 충분히 회복하니 어머니가 궁금해졌습니다. '엄마는 왜 저렇게 말씀하실까?' 살펴보니 패턴이 있더라고요. 어머니는 요리도 잘하고 패션 감각도 뛰어납니다. 섬세해서 사람들의 기분이나 분위기 변화도 금세 파악합니다. 그런데 본인이 가진 능력이 별로 쓸모없다고 생각하더라고요.

스스로의 강점을 인식하지 못하고 대단하지 않다고 생각하니 불안도가 높았습니다. 뭐든 잘 안 될 거라고 생각하신 거죠. 자신을 믿지 못하니 잘할 수 있다고 믿으면 오히려 나의 일이건 자식의 일이건 더 잘 안 되더라는 잘못된 신념이 생긴 것이죠. "그렇게 좋은 병원에 네가 어떻게 가겠니?"를 번역하면 "엄마도 네가 그처럼 좋은 병원에 가면 좋겠지만 잘 안 되고 실망할까 걱정스럽구나"였습니다. 이렇게 이해하니 더는 어머니가 원망스럽지 않았습니다.

요즘 저는 자주 어머니의 강점을 찾아 드리려고 노력합니다. 어제는 아이가 반찬가게에서 사온 멸치볶음을 먹다가 "할머니 멸치볶음은 부드럽고 맛있던데 이건 너무 딱딱해"라고 하더라고요. 바로 어머니께 말씀드렸습니다. "엄마는 참 요리를 잘하세요. 멸치볶음을 어쩜 이리 딱딱하지 않게 잘하셔? 섬세한 우리 ○○이가 바로 알아차리더라니까." "아니, 엄마는 어떻게 인터넷에서 이런 옷을 샀어요? 이만 원짜리로 전혀 안 보여!" 이렇게도 말입니다.

아이에게서 부모의 실패한 과거를 보지 마세요.

어느 교육 칼럼에서 정신과선생님이 한 말씀입니다. 우리는 아이가 나처럼 실수하지 않기를 바랍니다. 상처받지 않기를 바랍니다. 얼마나 힘들고 아픈지 몸소 겪어서 알고 있으니까요. 하지만 아이를 보호하고 싶은 마음에서라도 무의식중에 내뱉는 부정적인 말이 반복되면 아이는 실패와 좌절에 견딜 힘을 잃어버리고 맙니다. 실패를 밑거름으로 삼아 도전하는 아이가 되기보다는 도전을 피하려고 도망 다니는 아이가 될 수 있습니다.

아이의 자존감을 키워주려면 먼저 부모의 자존감을 회복해야 합니다. 자존감 낮은 부모의 모습은 아이에게 부정적인 미래를 떠올리게 하지만 자존감 높은 부모의 모습은 아이가 아름다운 미래를 꿈꾸게 합니다.

외모가 아닌 내면의 강점

"넌 그것 때문에 안 돼!"

영화 〈보헤미안 랩소디〉에 등장하는 대사입니다. 전설적인 영국 록그룹 퀸Queen의 삶과 음악적 열정을 보여주는 이 영화가 2018년 대한민국을 휩쓸면서, 퀸의 시대를 살지 않았던 사람들도 퀸을 만끽할 수 있었습니다. 중년들은 퀸과 함께했던 지난 청춘을 곱씹었고, 청년들은 시간이 달라 마주하지 못했던 영웅을 만나 크게 환영했습니다. 저도 영화를 보며 프레디 머큐리Freddie Mercury의 삶에 깊이 감동했습니다.

처음부터 전설인 사람은 없습니다. 누구나 삶의 첫 페이지는 백지입니다. 프레디도 그랬습니다. 이민자 가정에서 태어나 공항에서 수하물 노동자로 일하던 평범한 청년이었습니다. 그러나 그는 평범한 삶에 만족하지 않았습니다. 늘 체력이 바닥날 만큼 피곤한 일과를 보냈지만 저녁이면 어김없이 꿈과 닿을 수 있는 곳으로 갔습니다. 밴드의 공연이 열리는 공연장이었습니다. 그렇게 삶과 꿈을 함께 좇던 그에게 기막힌 우연히 찾아옵니다. 동경하던 밴드의 리드 보컬이 밴드를 떠난다는 소식을 현장에서 직접 듣게 된 것이지요. 그 순간 프레디는 밴드의 차세대 리드 보컬로 한 사람을 추천합니다. 바로 자신이었습니다. 느닷없이 나타나 자신을 추천하는 젊은이를 보며 기존 멤버들은 황당해합니다. 그러고는 냉소를 보냅니다.

"당신은 안 돼요. 그 치아도 그렇고……."

프레디 머큐리는 매우 심한 부정교합입니다. 흔히 돌출 치아라고 하는

데 예쁘고 멋진 모습과는 거리가 있습니다. 대스타가 된 후에도 치아교정에 관해 묻는 기자가 영화에 나올 정도이니, 프레디는 우리 생각보다 훨씬 자주 치아에 대한 지적에 시달렸을 것입니다.

그러나 그는 기죽지 않습니다. 가수라면 이래야 한다는, 사람들이 제멋대로 만든 기준에 휘둘리지 않습니다. 분노하거나 좌절하지 않고 제일 먼저 스스로의 편이 되어줍니다.

"내가 치아 때문에 밴드의 리드 보컬이 될 수 없다고? 그게 어때서? 이걸 보라고! 남들보다 앞으로 튀어나온 치아 덕분에 내 입속 공간은 남들과 비교할 수 없을 정도로 넓어. 그 넓은 공간에서 만들어지는 고음이 어떨지 상상이 되나? 남다른 치아 덕분에 난 남다른 가창력을 얻었어!"

프레디가 삶을 대하는 태도는 남다릅니다. 앞니가 튀어나와 있어서 그 뒤에 소리를 낼 수 있는 충분한 공간이 있다고 말합니다. 실제로 프레디는 누구와도 비교할 수 없는 고음과 가창력을 가졌습니다. 만약 프레디가 튀어나온 앞니에만 집중하고 부끄러워하며 숨기려 했으면 어땠을까요? 그처럼 아름다운 고음과 가창력을 자신 있게 내뿜을 수 있었을까요?

이 세상에 완벽한 사람은 없습니다. 하지만 우리 모두에게는 자신만의 탁월한 무기, 즉 강점이 있습니다. 완벽하지는 않지만 나만의 무기가 분명 있다는 사실을 알고, 그 점을 사랑하고 인정하면 남에게 휘둘리지 않습니다. 세상의 시선으로부터 자유로울 수 있고 나를 옥죄는 불안이 느슨해집니다.

어쩌면 우리는 아이의 튀어나온 앞니에 집중하느라 그 뒤의 넓은 공간을 무시하고 있지는 않나요? 세계적인 가창력을 만들어내는 그 공간을 말입니다.

내 아이의 가능성을 열어주는 5단계 강점 육아 S-TRACK

1단계: 아이와 신뢰 만들기Trust

아이를 인정하고, 칭찬하고, 귀하게 여기고,

아이의 말에 진심으로 귀 기울여주세요.

2단계: 아이의 강점 파악하기Recognition

아이가 관심과 흥미를 표현할 때 놓치지 말고 알아채주세요.

3단계: 아이와 함께 목표 설정하기Aiming

열린 질문과 긍정 질문으로 아이가 이루고 싶은 것을 물어봐주세요.

4단계: 아이와 함께 강점 활용하여 실행하기Carrying out

섣불리 방법을 알려주지 말고 아이 스스로 답을 찾도록 기다려주세요.

5단계: 축하와 피드백Kindness

작은 성취라도 아낌없이 축하하고 격려해주세요.

02

강점 육아의 다섯 단계 S-TRACK

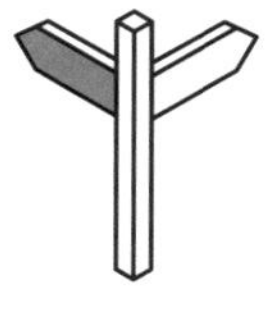

가족의 더할 나위 없는 귀염둥이였던 사람은 성공자의 기분을 평생 동안 가지고 살며, 그 성공에 대한 자신감은 그를 자주 성공으로 이끈다.

_지그문트 프로이트

1

강점 육아 1단계
: 아이와 신뢰 만들기Trust

심리적 안전감

우리는 언제 마음을 여나요? 내가 좋아하지 않고 신뢰하지 않은 사람이 권하면 아무리 훌륭하다 해도 흔쾌히 받아들이기 어려울 것입니다. 신뢰하지 않는 사람에게는 마음을 열지 않습니다. 즉, 믿음과 신뢰가 가장 중요합니다. 아이들도 마찬가지입니다. 단순히 같은 집에서 산다고 해서 신뢰가 저절로 형성되지는 않습니다.

《신뢰의 속도Speed of trust》의 저자 스티븐 코비Stephen M.R. Covey 박

사는 '신뢰 세금'을 이렇게 설명합니다. 신뢰가 부족하면 속도는 느려지고 비용이 늘어나는데 이것이 마치 세금을 내는 것과 같다고요. 반대로 신뢰가 높으면 속도도 빨라지고 비용도 줄어들어 '신뢰 배당'이라는 이익을 보유하게 됩니다.

우리는 자녀에게 얼마나 배당을 가지고 있나요? 배당은 없고 세금만 내고 있지는 않나요? 혹시 아이와의 신뢰 상태가 적자는 아닌가요? 부모와 아이 사이의 신뢰는 하루아침에 생길 수 없기 때문에 차곡차곡 쌓아가야 합니다.

'프로젝트 아리스토텔레스Project Aristotles'는 구글Google에서 월등한 성과를 내는 팀들을 집중적으로 연구한 5개년 프로젝트입니다. 여기서 찾아낸 결론에 따르면 심리적 안전감은 '성공한 팀을 구분하는 5가지 특징 중 가장 중요한 것'입니다. 우수한 인재들이 모인 구글에도 성과가 특출한 팀들이 있는데 그들의 공통적인 특징에 '심리적 안전감'이 있었다고 합니다. 심리적 안전감은 생뚱맞은 질문을 하거나 실수를 해도 상대가 긍정적으로 반응할 것이라는 무의식적 믿음입니다. 실수나 바보 같은 소리를 해도 나를 받아주리라는 믿음, 언제든 도움을 요청할 수 있다는 확신입니다.

가정에서 심리적 안전감이 있으면 취약성도 쉽게 드러낼 수 있고, 넘어져도 다시 일어나 도전할 수 있습니다. 부모가 제시하는 도전이나 권유도 아이들이 쉽게 수용할 수 있습니다. 자신이 거부당했다고 느끼고 불안한 상태인데 부모가 하자는 대로 따르는 아이는 없습니다. 그래서 심리적 안전감은 매우 중요합니다.

신뢰는 어떻게 쌓을 수 있을까?

신뢰의 기본은 '저 사람은 내가 중시하는 것을 함부로 하지 않을 것'이라는 믿음입니다. 그 바탕은 상대에 대한 인정입니다. 사마천의 《사기》에 "선비는 자신을 알아주는 사람을 위해 목숨을 바친다"라는 말이 나옵니다. 남녀노소 구분 없이 사람은 인정받고 싶은 욕구가 있습니다. 코칭을 하다보면 표면적인 이유는 인정과 상관없지만 '나 좀 알아달라'는 내면의 욕구를 발견하는 경우가 많습니다. 아이들의 가장 큰 욕구 중 하나도 '인정 욕구'입니다.

부모들에게 "아이를 인정해주세요, 칭찬해주세요"라고 권하면 이런 대답이 돌아옵니다. "아니, 도대체 칭찬할 거리가 있어야 칭찬을 하지요! 온종일 컴퓨터 앞에서 사는데 뭘 어떻게 인정하고 칭찬합니까?" 인정을 해주려고 방문을 열었는데 아이 꼬락서니를 보면 속에서 천불이 납니다. 하려 했던 칭찬은 온데간데없이 사라지고 잔소리만 나옵니다. 잔소리를 들은 아이는 당연히 기분이 나빠져 귀와 입을 닫아버리고 맙니다.

인정하기, 칭찬하기는 쉬운 일이 아닙니다. 영혼 없는 칭찬을 아이들은 귀신같이 알아차립니다. '엄마에게 무슨 꿍꿍이가 있구나'

하고요. 상대를 알지 못한 채 던지는 칭찬은 하는 사람도, 받는 사람도 힘들게 합니다. 제대로 인정하려면 상대를 알아야 합니다. '내 속으로 낳았는데 어련히 잘 알까' 자신하시나요? 내가 품고 낳았어도 태어나는 순간 아이와 나는 다른 개체로 분리됩니다. 그렇게 내게서 떨어져 나온 아이는 자라면서 부모의 영향은 받겠지만, 다양한 자극과 경험이 더해져 자신만의 생각과 체계를 형성합니다.

갈등은 '내가 잘 안다'는 자만에서 시작됩니다. 《티칭하지 말고 코칭하라》의 저자 고현숙 교수는 부모는 판단자judge가 아니라 학습자learner가 되어야 한다고 말합니다. 판단자는 '나는 이미 다 알고 있다'는 패러다임을 가지고 있습니다. 그래서 상대에게 묻지도 않고 따로 생각하지도 않고 상황에 자동으로 반응합니다. 아이의 생각이 다를 수 있는데도 자기가 옳다는 확신이 강하기 때문입니다. 반면 학습자는 호기심을 가지고 알아보려 합니다.

코칭에서는 '호기심'을 매우 중요하게 생각합니다. 우리는 호기심을 가질 때 판단을 내려놓을 수 있기 때문입니다. 섣불리 판단하지 않고 상황과 맥락, 관점과 생각에 대한 호기심을 품을 때 비로소 가능성을 발견할 수 있습니다.

인정 5 대 비난 1의 법칙

《원하는 것이 있다면 감정을 흔들어라》의 저자인 하버드 대학교 협상심리 연구센터의 소장 다니엘 샤피로Daniel Shapiro는 "상대의 핵심 관심을 잘 파악하는 것이 우리가 좋은 관계를 맺을 때 굉장히 중요하다"라고 말합니다. 그는 실험을 위해 가족, 커플끼리 방에 들어가게 하고 그 방에 관찰자를 둔 다음 그들이 최근 겪은 갈등에 대해 이야기를 나누게 합니다. 관찰자는 그들이 하는 말을 그대로 받아 적었습니다. 고작 몇 분의 실험이었습니다. 그 몇 분의 관찰 기록을 분석해 3년, 5년, 10년 후의 관계를 예측하고 실제 관계와 비교했습니다.

어느 정도로 정확했을까요? 무려 90%나 일치했다고 합니다. 잘 지낼 것이라 예상한 사람들은 10년 뒤에도 잘 지내고 있었고, 대화를 듣고 좋지 않겠다 예상한 사람들은 실제로 관계가 깨졌습니다. 그 차이는 대화법에 있었습니다. 인정과 비난을 같은 비율로 하거나 비난이 더 많았던 커플은 관계가 좋지 않게 끝났지만, 인정의 말이 비난의 말보다 최소 5배는 많았던 커플은 좋은 관계를 유지했습니다.

샤피로 교수는 사람들이 매우 중요하게 여기는 관심 사항 중 하나가 '인정'이라고 말합니다. 누구나 인정받고 싶어 합니다. 특히 가까운 사람에게 받는 인정은 삶을 살아갈 원동력이 될 만큼 중요합니다. 아이를 사랑하고 좋은 말만 해주고 싶지만 현실적으로 어렵지요. 몸이 아프거나 스트레스로 마음이 힘들어서, 어쩔 수 없이 화가 나 갈등이 생기기도 합니다. 하지만 적어도 이런 내용을 알고 있으면 아이에게 후회할 행동을 할지라도 만회하기 위해 어떻게 해야 하는지 알 수 있을 것입니다.

우리는 아플 때를 대비해서 보험을 듭니다. 나중에 일을 못해 소득이 사라질 경우를 대비해서 저축합니다. 하지만 가까운 관계, 특히 아이들과의 관계는 순간만 생각하는 것 같습니다. 지금은 품 안의 자식이지만 금세 훌쩍 자라 우리 곁을 떠납니다. 아이가 떠난 뒤에는 관계를 저축하고 싶어도 못할 수 있습니다. 아이의 눈동자가 온전히 나로 채워져 있는 지금, 더 충분히 관계를 저축하세요.

“제가 정말 못생겼나요?”

3대 메디컬 등골브레이커를 아시나요? 드림렌즈, 성장호르몬 치료, 치아교정이라고 합니다. 큰 키에 안경을 끼지 않고 치아가 가지런한 아이야말로 모든 부모와 아이들의 선망인 것이죠.

치과 치료에서 교정은 이제 선택이 아니라 필수 같습니다. 오히려 의사인 저는 보류하자고 하는데, 아이와 보호자가 강력하게 교정 치료를 원하는 경우도 많습니다. 한창 외모에 관심 많은 사춘기 아이들뿐만 아니라 요즘에는 초등학교 저학년 아이들도 교정해 달라고 요구합니다. 실제로 인터넷에 외모 고민을 올리는 주된 대상도 20대 여성이 아니라 초등학교 고학년과 중학생이라고 합니다. SNS의 발달로 외모에 대한 관심은 더욱더 노골적으로, 공개적으로, 빠르게 커져갑니다. 심지어 가상 인간의 외모까지도 부러워합니다. 물론 예쁘고 아름다운 것에 관한 선망은 인간의 기본 욕구입니다.

하지만 아직 자아상이 명확하게 형성되지 않은 아이들에게 지나친 외모 비교와 집착은 자존감에 큰 문제를 일으킬 수 있습니다. 외모보다 내면이 우선이라는 원론적인 이야기가 아닙니다. 우리는 모두 다르게 생겼습니다. 그 차이 속에서 각각의 매력이 있죠. 그런데 그 매력을 모르고 움츠러든 사람과 당당하게 자신있게 나서는 사람 중 누구에게 호감이 생길까요? 당신은 어떤 사람과 일하고 싶나요?

중학생 시절 저는 스스로를 정말 못생겼다고 생각했습니다. 공부라도 잘하지 않으면 못생긴 나는 어디서도 인정받을 수 없으리라 여겼지요. 그러다 미국에 가니 똑같은 모습인 나에 관한 반응이 완전히 달랐습니다. '어쩜 머리카락이 이리 탐스럽냐' '손 모델을 해도 될 만큼 손이 너무 예쁘다' 같은 칭찬을 받았습니다. 처음에는 그들이 나를 놀린다고 생각해서 손을 내젓기만 했습니다. 그런데 자꾸 그런 칭찬을 들으면서 자신을 바라보니 정말 탐스럽고 반짝반짝 빛나는 머릿결을 가지고 있었고, 길고 가느다란 손가락이 우아하게 절 바라보았습니다. 여드름이 있고 코가 짧아도 활짝 웃는 미소는 그것을 덮을 만큼 예뻐 보였습니다.

저는 유독 사춘기 학생들에게 인기가 많습니다. 학원 스케줄도 빡빡한데 굳이 저에게 치료를 받겠다고 하는 아이 때문에 힘들다는 어머니들의 원성 아닌 원성을 듣기도 합니다. 저는 요즘 아이들이 너무 예쁩니다. 얘는 이래서 예쁘고 쟤는 저래서 예쁩니다. 그런데 아이들은 자기가 예쁜 걸 모릅니다. 틈나는 대로 칭찬을 해주니 아이들이 저를 좋아하는지도 모르겠습니다.

결핍에서 오는 부러움, 동경은 사춘기의 특성이기도 합니다. 결핍에 따른 갈망 덕분에 성장하는 부분도 있습니다. 어느 정도 성숙해야 자신의 매력을 발견하고, 그 매력을 키우려면 자신감이 중요하다는 사실을 깨닫습니다. 어른이라면 아이들이 그렇게 스스로 알아차릴 때까지, 설사 손사래를 치더라도 '외모 지적질'은 그만하고 자신감 '뿜뿜' 하게 해줘야 하지 않을까요?

못난 부분만 있는 아이를 본 적이 있나요? 누구에게나 예쁘고 잘난 부분은 있습니다. 살면서 보니 제일 중요한 것이 자신감 같아요. 아이든 어른이든, 성공했든 안 했든, 인간의 내면 밑바탕에 있는 자신감은 살아가는 데 꼭 필요합니다. '천상천하 유아독존', 아이들은 최고의 자신감으로 이 세상에 나타납니다. 그 자신감을 온전히 유지시켜주지는 못하더라도, 최소한 부모가 자신감을 꺾지는 말아야지요.

"자신감을 가져"라고 말만 한다고 해서 저절로 생기지는 않습니다. 아이의 존재 자체를 인정하고, 칭찬하고, 귀하게 여기고, 아이의 말에 진심으로 귀 기울여주세요. 그럴 때 아이의 자신감은 결과로서 열매 맺을 것입니다.

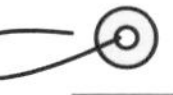 1분만 말하고, 2분 이상 들어주며, 3분 이상 맞장구치라. _데일 카네기

2

강점 육아 2단계
: 아이의 강점 파악하기Recognition

호기심을 가지고 새로운 경험을 즐기게 하기

얼마 전 저는 코칭을 받다가 깜짝 놀랐습니다. 과거의 나로 돌아가 생각하다가 지금 제가 20대에 구체적으로 생각했던 모습 그대로 살고 있다는 사실을 인식했기 때문입니다.

저는 남들보다 늦은 20대에 혹독한 사춘기를 보냈습니다. 대학 입학 후 공부에 흥미를 느끼지 못하고 방황했거든요. 제가 꿈꿀 수 있는 범위는 매우 좁았습니다. 제가 본 치과의사의 삶은 개원해서 개인병원의 의사가 되는 것과 학교에 남는 것 둘뿐이었거든요. 게다가 부모님 포함 양가 친척 모두 공무원이다 보니 안정적인 것이 최고라는 인식이 강했고, 나 자신도 사업 마인드가 전혀 없으니 개원보다는 큰 병원에 스텝으로 남기를 바라게 되었습니다. 그런데 지금 그때 상상한 모습 그대로 살고 있습니다. '사람은 정말 아는 만큼만 꿈꿀 수 있구나'라는 생각이 강하게 들었습니다.

아이들이 많은 것을 보고 다양한 경험을 하는 행위가 왜 중요할까요? 그 순간 얻는 좋은 경험과 감정도 중요하지만 말랑말랑한 아이들의 생각과 사고를 확장시키기 때문입니다. 보는 만큼, 아는 만큼 꿈꿀 수 있기에 아이들은 많은 경험을 해보아야 합니다. 경험에는 직접 경험과 간접 경험이 있지요. 직접적으로 환경에 노출되고 도전하면서 강점을 찾아나가면 더할 나위 없이 좋지만 시간과 공간의 제약으로 쉽지는 않습니다. 이때 간접 경험이 도움이 됩니다.

아이들은 모델링의 천재입니다. 좋아하는 분야의 앞선 사람들을 만나게 해주세요. 그들의 강연이나 책 등을 보여줘도 좋습니다. 그러다 보면 아이에게 하고 싶은 일이 생깁니다. 부모 생각에는 보잘것없는 일이라도 경험하고 도전하게 해주면 아이가 잘하는 일, 좋아하는 일을 찾을 수 있습니다.

부모의 판단으로 아이의 새로운 경험을 막으면 아이는 딱 그만큼만 상상하게 됩니다. 의도치 않게 아이들의 잠재력을 차단하는 것입니다. 앞으로 세상이 어떻게 변할지 누구도 정확히 예측하지 못합니다. 지금 좋은 직업이라고 여기는 직업이 계속 그럴지 알 수 없으며, 상상도 못했던 여러 영역과 직업이 생길 수도 있습니다. '내 아이가 내 생각대로 성장한다면 누구보다 성공하고 행복할 것'이라는 생각은 큰 착각입니다. 직간접적으로 다양한 삶의 형태를 알고 경험해서, 자신이 활기를 느끼고 성과를 내며 자주 하고 싶은 것을 찾는 일이 강점 육아의 두 번째 단계입니다.

내 아이 들여다보기, 관찰의 힘

아이들은 각자의 꽃씨를 갖고 태어납니다. 꽃씨마다 피는 시기도, 방법도 다릅니다. 꽃씨를 잘 피우려면 아이가 보내는 신호를 유심히 관찰해야 합니다. 그리스어로 진리는 '알레테이아(잊힌 것들)'이며 영어 educate의 어원은 "본래 내면에 있는 것을 끄집어내다"라는 뜻이라고 합니다. 진리는 이미 잊힌 것들에 있고, 교육이란 이미 가지고 있는 것을 꺼내는 일이라는 말이 인상적입니다.

아이를 잘 살펴보면 눈을 반짝이며 호기심을 보일 때가 있을 것입니다. 어릴 때는 세상을 탐색한다면 나이를 먹을수록 더 구체적으로, 자기 방식대로 세상을 탐구합니다. 그것이 기질이고 강점입니다. 당황스러운 상황에서 아이가 어떻게 대처하는지, 가정이나 학교에서 어떻게 행동하는지, 친구나 가족과 있을 때 어떤 모습을 보이는지 눈여겨보면 아이만의 강점이 보입니다. 앞서 설명한 '끌림/빠른 학습/몰입/만족'도 신호가 될 수 있지요.

부모가 작정하고 보려 하면 잘 보이지 않습니다. 아이가 관심과 흥미를 표현할 때 그것을 놓치지 말아야 합니다. 그래서 아이를 키우기란 쉽지 않은 일이지요. 다행스럽게도 아이들은 반복해서 보여줍니다. 그 반복 신호가 완전히 사라지기 전에 알아채고, 기록해두는 것도 좋은 방법입니다. 아이는 자꾸 꺼내는데 부모는 계속 집어넣고 알아주지 않으면 나중에 아이는 꺼내는 것을 잊어버립니다.

제 주변의 많은 의사 친구들은 '사십춘기'라는 표현을 씁니다. 하라는 대로 열심히 공부하고 살았는데 40대쯤 되니까 과연 내가 원하는 삶이 이건지, 내가 진짜 좋아하는 것은 무엇인지 몰라 허무하다면서요. 사춘기처럼 자신이 누군지를, 사십이 되어서야 헤매며 찾고 있습니다.

강점카드 활용하기

앞서 소개한 갤럽이나 VIA의 강점 테마를 종이에 적어 카드로 만들어 활용해보세요. 강점 카드를 펼쳐놓고 아이가 '나는 이런 거 같아'라고 생각하는 카드를 고르거나 다른 가족 구성원이 골라줘도 좋습니다. 아이가 어떤 활동을 보일 때 강점카드를 보고 고를 수도 있습니다. 일주일에 한 번, 강점카드를 들고 모여서 한 주 동안 있었던 성공이나 즐거웠던 경험을 나누어봅니다. 성공 경험을 축하해주고 그때 어떤 강점을 사용한 것 같은지도 살펴봅니다. 사용하고 싶은 다른 강점이나 관심이 생긴 일이 있는지도 물어봅니다. 처음에는 아이가 말하기 어려워할 수 있으니 부모님이 먼저 이야기해도 좋습니다. "엄마는 이번 주에 발표할 일이 많았는데 잘해낼 수 있었어. 엄마의 강점 중 '끈기'의 힘을 이용했던 것 같아. 지치고 힘들 때도 있었는데 '끈기' 덕분에 해낼 수 있었어."

그러면 아이도 자신이 성공한 일이 있는지 곰곰이 생각하게 되고 결국 찾아내기도 합니다. "엄마! 생각해보니 어스 아워earth hour에 불을 껐잖아요? 나 한 시간 동안 진짜 답답했는데 참았어요. 나는 지구를 아끼려는 시민의식이 있는 것 같아요!" 부모 생각에는 우스꽝스럽고 사소한 일이라도 진심으로 칭찬해야 합니다. 모든 관계의 기본은 신뢰입니다.

아이를 인정하고 칭찬하지 않는다면 신뢰 관계의 기본인 심리적 안전감은 형성될 수 없습니다. 아이의 작은 성공을 축하해주고 어떤 강점을 사용했는지, 다른 강점은 어떻게 도움이 되었는지 자유롭게 이야기를 나눠보세요. 그 과정에서 아이는 자기 강점의 차별성과 힘을 느끼고, '내가 자유롭게 이 강점을 사용할 수 있다'는 자신감과 유능감을 갖게 됩니다.

경청은 사랑이다

얼마 전 아이와 이야기를 나누는데 아이가 이런 말을 했습니다.

"엄마, 그 야동 있잖아요!"

"응? 야동? 네가 그 단어를 어떻게 알아?"

"엄마는, 내가 왜 몰라? 야동이 얼마나 재밌고 유명한데!"

"뭐???"

저는 세상 심각해집니다. 이제 겨우 초등학생이 야동을 알다니, 대체 무슨 일이 일어난 거지? 이 사태를 어떻게 수습해야 할지 몰라 등에 식은땀이 흐릅니다. 머리는 쭈뼛 서고 얼굴은 달아오릅니다. 아이가 야동을 어떻게 알았는지, 혹시 진짜 본 건 아닌지, 어디서부터 어떻게 해야 할지 가슴만 뜁니다.

"○○야, 야동을 어디서 봤어?"

"엄마, 여기 있잖아요."

아이가 책을 한 권 가지고 옵니다. 아이의 소중한 포켓몬 카드가 들어 있는 스크랩북입니다. 아이가 말한 것은 '야동'이 아니라 포켓몬 캐릭터 '야돈'이었습니다.

저처럼 아이의 말을 제대로 이해하지 못해 난감하거나 우스워진 적이 있나요? 아이는 익숙한 포켓몬 캐릭터를 이야기했는데 저는 야동인 줄 알고 혼자 엄청 심각해졌습니다. 식은땀까지 흘리면서요. 이런 경우는 자주 일어납니다. 그 이유는 우리가 잘 듣지 않기 때문입니다.

《듣기력》의 저자 토마스 츠바이펠Thomas D. Zweifel은 듣기에도 단계가 있다고 말합니다. 가장 낮은 첫 단계는 '무시하며 듣기'입니다. 아이가 말할 때 하던 일을 계속하거나 휴대전화에서 눈을 떼지 않고 듣는 것 등이지요. 두 번째는 '듣는 척하기'입니다. 듣고는 있지만 머릿속으로는 다른 생각을 하는 중입니다. 그러니 들어도 제대로 기억하지 못합니다. 아이 입장에서는 허공에 대고 말하는 기분이겠지요. 세 번째는 '선택적으로 듣기'입니다. 아이 말을 건성으로 듣고 있다가 부모 관심사가 한 마디라도 들리면 그 순간 귀가 활짝 열립니다. 흔히 반응하는 공부, 학원, 시험, 점수 등이 부모의 귀를 뻥 뚫어주는 마법의 단어입니다. 하지만 아이들에게 이런 단어는 기피대상 1호입니다.

네 번째는 '주의 깊게 듣기'입니다. 상대와 눈을 맞추면서 집중해서 듣습니다. 이 정도만 해도 좋은 듣기 방법 같지만, 한 단계 높은 경청법이 있습니다. 다섯 번째 '공감적 경청'입니다. '주의 깊게 듣기'에 더해 적절한 반응까지 보이는 단계입니다. 상대의 말에 적극 공감하고 맞장구칩니다. 눈을 맞추고 고개를 끄덕이는 등 비언어적 의사소통까지 적절하게 활용합니다. 말뿐만 아니라 그 이면의 마음까지 듣는 것입니다.

경청은 빙산에 비유할 수 있습니다. 눈에 보이는 부분은 빙산 전체의 일부분에 불과합니다. 수면 아래에 잠긴 보이지 않는 빙산이 훨씬 더 크듯, 아이가 하는 말은 일부일 뿐 정말 전하고 싶어 하는 의미는 내면에 더 많이 깊이 숨어 있습니다. 아이의 말이 다가 아닐 수 있다는 뜻입니다. 귀뿐 아니라 마음까지 열고 들어야만 아이가 무엇을 말하려 하는지, 무엇을 좋아하고 잘하는지 알 수 있습니다. '카네기 자녀코칭' 중 '대화의 1, 2, 3 법칙'이 있습니다. 1분만 말하고, 2분 들어주며, 3분 이상 맞장구치라는 내용입니다. 우리는 어떻게 하고 있습니까?

존경받는 부모는 자녀의 이야기나 욕구, 호기심을 잘 경청합니다. 아이는 끊임없는 호기심과 욕구를 들어줄 사람을 원합니다. 부모가 관심을 가지고 경청하면 아이는 자신의 무한한 잠재력을 실현하고 꽃피울 수 있습니다. 웹스터Webster's 사전은 '경청하다listen'를 이렇게 정의합니다. "들으려고 의식적으로 노력하다. 듣기 위해 가까이 다가가다." 경청은 단순히 듣기를 넘어 상대가 어떤 의미로 이야기하는지 그 마음을 이해하고자 노력하는 행위입니다.

입으로 듣기

고객의 말을 반복해서 되돌려주는 코칭 방법이 있습니다. '패러프레이징paraphrasing' 즉, '입으로 듣기'라고 합니다. 아이의 이야기를 들을 때 이 방법을 사용하면 매우 효과적입니다. 아이가 어떤 이야기를 하면 키워드만이라도 말하면서 돌려주면 됩니다.

일례로 아이가 "나 배고파"라고 하면 대개 반사적으로 '판단'이 튀어나옵니다. "아직 점심시간도 안 됐는데 배고파?" "아까 간식 먹었는데 무슨 소리야?" 이야기는 들었지만 공감이 아닌 판단이나 핀잔을 던지는 것은 경청이 아닙니다. "나 배고파" 하면 "배고프구나" 또는 "배고파?" 하고 아이의 말 중 키워드를 반복해서 되돌려 주세요. 이것만으로도 아이는 부모가 공감해준다고 느낍니다.

"피곤해"라고 하면 "아. 피곤하구나"라고 입으로 들어줍니다. 그리고 한 번 쉬고 "왜? 무슨 일이 있었어?" 하고 물으면 아이는 공감을 받았기 때문에 입을 열어줍니다. 그런 다음 충고 혹은 부모가 하고 싶은 잔소리를 해도 더 설득력 있게 아이에게 다가갈 수 있습니다.

누군가 옳은 말만 한다고 해서 그 사람 말을 잘 듣게 되던가요? 물론 머리로는 저 사람 말이 옳고 다 맞는다는 것을 알지만, 사람은 감정의 동물입니다. 마음이 열리지 않으면 아무리 옳고 좋은 말이라 해도 와 닿지 않습니다. 누구든. 좋아하는 사람이 하는 옳은 말을 잘 따릅니다. 어떤 사람을 좋아하나요? 내 말을 잘 들어주고 인정해주는 사람이 좋을 수밖에 없지요. 들은 말을 단순히 반복해 돌려주기만 해도 인정과 공감을 얻을 수 있습니다. 그 뒤에 부모의 옳은 말을 건네도 절대 늦지 않습니다.

아이의 말을 경청하고 패러프레이징을 한다고 해서 아이가 하자는 대로 해야 한다는 뜻이 아닙니다. 많은 사람들이 공감과 동조를 혼동합니다. 아이의 생각과 부모의 생각은 다를 수 있습니다. 부모로서, 어른으로서 아이를 옳은 방향으로 이끌어야 할 때도 있습니다. 공감은 '너와 나의 생각이 다를 수는 있지만 그래도 너의 생각을 존중한다'입니다. '존중'이 곧 '일치'는 아닙니다.

미국인들이 가장 존경하는 대통령인 애이브러햄 링컨Abraham Lincoln이 최고의 경청자라는 사실은 유명합니다. 친구가 찾아와서 가슴 아픈 이야기를 털어놓으면 공감하며 묵묵히 들어주었고, 변호사 시절 억울한 일로 찾아온 의뢰인의 말을 경청하고 최선을 다해 변호한 일화도 유명합니다. 경청하는 태도가 워낙 몸에 뱄던 링컨은 사람을 만날 때면 자신의 큰 키를 최대한 줄여 상대방에게 맞추려 했습니다. 그러다 보니 자연히 허리가 구부정한 자세가 되었고, 대통령이 되어서도 그 자세는 마찬가지였다고 합니다.

누군가가 내 이야기를 듣기 위해 자세를 낮추고 몸을 구부려서 슬프거나 기쁜 감정을 충분히 느끼며 경청한다고 생각해보세요. 그 순간만큼은 매우 존중받고 있다는 생각이 들 것입니다. 자신감을 되찾고 스스로 해결책을 내놓을지도 모르지요. 아이도 이런 존중감과 자신감을 소유할 수 있도록 매일 경청의 통로를 열어놓아야 합니다. 누군가가 자신의 이야기를 끝까지 경청한다는 것을 느낄 때마다 아이의 존중감도 자신감도 한 뼘씩 자랄 테니까요.

'타임아웃'

아이와 좋은 관계를 만들 수 있는 최적의 순간은 아이가 부모를 찾을 때입니다. "아빠, 같이 캐치볼해요!" "엄마! 오늘 학교에서~~" 이런 말들은 종종 부모의 타이밍과는 맞지 않을 때 들리기 때문에 아이의 이야기로 초대받는다기보다는 방해받는 느낌입니다. 그러나 이때 아이는 부모가 그저 물리적으로 시간을 같이 보내는 것이 아니라, 몸과 마음을 다해 온전히 자신에게 집중해주기를 기대합니다.

불확실성의 세상에서 부모가 아이에게 줄 수 있는 가장 큰 선물 중 하나는, 아이가 필요로 할 때 나는 항상 거기 있으리라는 확신입니다. 아이의 요청을 반복적으로 거절한다면 아이는 이 확신을 잃고 맙니다. 훗날 아이의 이야기에 귀 기울이고 싶어도 더는 문을 열어주지 않을지 모릅니다. 하지만 부모도 여러 일을 해야 하기에 아이의 말에 매번 하던 일을 중단하고 아이에게만 집중하기는 쉽지 않습니다.

이럴 때는 아이와 함께 규칙을 만들어두면 좋습니다. 언제든 엄마를 찾고 말을 걸 수는 있지만 엄마가 뭔가를 하고 있으면 잠깐 기다려 달라고 말입니다. "엄마도 지금 ○○이 말을 듣고 싶은데 이 일을 마칠 시간을 잠깐만 줄래? 그럼 바로 ○○에게 집중할게."

그런데 아이에게도 비상상황이 있을 수 있지요. 저의 경우 지금 당장 이야기해야 할 때는 어떻게 하면 좋을지 아이에게 물었습니다. 그랬더니 축구와 야구를 좋아하는 제 아이는 "타임아웃!"이라고 외치겠다네요. 타임아웃은 심각한 상황이니 엄마가 곧바로 집중해 달라면서요.

여기까지 읽고 "아이가 너무 자주 '타임아웃'을 외치면 어쩌죠?" 걱정되시는 분도 있을 거예요. 제 아이도 그랬거든요. 다른 사람과 대화 중인데 "엄마! 엄마!" 외치기에 기다려 달랬더니 "타임아웃! 타임아웃!" 난리가 났지요. 물론 비상상황이 아닌 걸 알았지만, 약속은 약속이니 상대에게 양해를 구하고 아이에게 집중해주었습니다. 아이도 막상 엄마가 약속대로 집중해주자 머쓱했는지 점차 타임아웃을 외치는 횟수가 줄어들었습니다.

3

강점 육아 3단계

: 아이와 함께 목표 설정하기Aiming

목표가 있는 대화

아이와 신뢰도 구축했고, 관찰과 경청을 통해 강점도 알았습니다. 이것을 어떻게 실생활에 적용할 수 있을까요? 강점을 강화하려면 작은 성공 경험을 지속적으로 쌓는 것이 중요합니다. 또 성공을 경험하려면 목표가 있어야 합니다. 어떤 꿈을 꾸거나 어떤 사람처럼 되고 싶다는, 크고 복잡한 목표도 있고 일상에서 소소하게 이룰 수 있는 목표도 있습니다.

아이가 목표를 설정하고 그것을 이뤄가도록 도와야 하는 중요한 이유는, 그 과정에서 성취감을 느낄 수 있기 때문입니다. 운동선수들은 큰 근육을 단련하기 전에 먼저 작은 근육을 자극한다고 합니다. 작은 근육을 단련해놓으면 부상을 당해도 덜 다치고 큰 근육을 더 효과적으로 사용할 수 있기 때문이죠. 일상에서 작은 목표를 세우고 그것들을 성취해 나가면서, 아이는 성공 경험을 쌓아가고 그 방식이나 자신감이 결국 큰 목표를 향해 갈 때 원동력이 됩니다.

목표를 정하고 적어두는 것도 좋지만 의외로 아이들에게 효과적인 방법은 이미지를 통한 시각화입니다. '자기 방 깨끗하게 치우기'가 목표라면 정리 정돈이 잘된 방의 모습을 사진으로 남겨둡니다. 그러면 아이는 그 사진을 보고 그에 따라서 방을 정리할 수 있지요. 나아가야 할 목표 방향을 명확하게 시각화한다는 점에서 일종의 모델링으로 볼 수 있습니다. 추구하는 모습의 구체적인 상이 있어서 덜 막연해집니다. 이런 기법은 체계화에 서툰 10대들에게도 유용합니다. 사진을 보고 따라 하는 작업은 적거나 쓰는 것보다 작업 기억이 덜 필요하기 때문입니다.

신경과학자 알바로 파스쿠알 레온Alvaro Pascual-Leone은 한 연구에서 사람들에게 매일 일정 시간 동안 피아노 음계를 연주하게 하고, 다른 집단은 실제로 피아노를 치지 않고 그 음계를 치는 '상상'을 하게 했습니다. 그 결과 두 집단 모두 손가락 움직임에 해당하는 두뇌 영역이 자극되는 것을 관찰할 수 있었습니다. 우리 뇌는 실제 경험과 생생하게 상상하는 차이를 인식하지 못합니다. 무서운 영화를 보면 허구임을 알면서도 겁을 먹는 이유이지요. 이처럼 목표 달성 상태를 이미지로 시각화하는 것은 목표를 구체화하는 데 유용합니다.

목표가 구체화되면 현재 상태를 인식합니다. 구체화된 목표와 현재 사이의 간극gap을 확인하는 과정은 매우 중요합니다. 그 차이를 인식해야 목표에 도달하기 위해 해야 할 일이 정해지기 때문입니다.

질문의 힘

과학의 역사를 바꾼 아인슈타인은 "어제로부터 배우고 내일을 꿈꾸며 오늘을 살라. 그러나 중요한 것은 질문을 멈추지 않는 것"이라고 말했습니다. 이어령 선생님도 이렇게 말씀하셨지요. "물음표가 있었기 때문에 느낌표가 생긴 것이다. 목마름 없는 지식은 고문이다." 성찰과 깨달음 앞에는 늘 좋은 질문이 있었습니다.

육아를 할 때도 질문은 중요합니다. 좋은 질문은 우리를 아이의 마음속으로 이끌어줍니다. 아이가 무엇을 원하는지, 어떤 존재가 되고 싶은지 알게 해줍니다. 그런 과정에서 부모 생각보다 아이가 더 많은 능력을 지니고 있다는 사실도 알게 됩니다. 하지만 물음표로

끝난다고 다 질문은 아닙니다. 질문하기는 부모와 아이의 성공적인 의사소통을 위한 핵심 요소입니다. 질문은 아이의 마음이 답을 찾는 쪽으로 향하게 하고 추가 정보를 습득하게 합니다. 아이의 생각과 느낌, 경험을 부모가 진정으로 이해하도록 돕는 과정입니다.

《성공적인 부모코칭》의 저자 그레고리 블렌드Gregory Bland 박사는 질문하기에는 다면적인 여러 목적이 있다고 설명합니다.

1. 아이의 독특함을 존중하고 예우해준다.
2. 정직한 열린 관계의 발달을 돕는다.
3. 더 위대한 발견을 위해 아이의 마음을 동참시킨다.
4. 아이 안에 더 커다란 인식을 형성시킨다.
5. 아이의 자연적인 성장 패턴을 만들어간다.
6. 아이 내면의 책임감을 키워준다.
7. 아이가 부모와 의미 있는 대화를 나누도록 해준다.

생각을 없애는 질문 vs. 생각을 만드는 질문

부모들도 늘 질문을 한다고 생각합니다. "숙제 다 했어?" "가방 챙겼니?" "학교 재밌었어?" 이처럼 답이 '네' 혹은 '아니오'로 정해져 있는 질문들을 '닫힌 질문'이라고 합니다. 선택지를 주고 고르게 하는 것도 닫힌 질문입니다. 사고를 확장해주지 않고 생각을 닫아 버리는 질문입니다.

반면 '열린 질문'은 아이가 자유롭게 자기 생각을 표현하도록 여지를 줍니다. 보통 '어떻게' '무슨 이유로' '어떤 점에서' 등의 의문사를 많이 사용하지요. 부모의 열린 질문을 자주 접하는 아이들은 고정된 틀에서 벗어나 새로운 관점을 얻을 수 있습니다.

닫힌 질문	열린 질문
할 수 있어?	어떻게 하면 할 수 있을까?
이렇게밖에 안 되니?	무엇을 하면 잘할 수 있을까?

질문의 목적은 아이가 사고를 확장시켜서 강점과 잠재력을 활짝 펼치게 도와주는 것입니다. 그러기 위해서는 긍정적인 질문으로 성취동기를 유발해야 합니다. 부정적인 질문은 대개 질책이나 비난의 뜻을 담기 때문에 아이를 방어적으로 만들고 에너지 레벨을 낮추어 마음을 더 닫게 합니다.

부정 질문	긍정 질문
이게 되겠니?	성공하려면 어떻게 해야 할까?
그때까지 못 끝내겠다는 거야?	어떻게 하면 내일까지 끝낼 수 있을까?

하교한 아이의 표정이 평소와 다릅니다. 부모의 직관으로 무슨 일이 있다는 걸 알겠습니다. '평소와 달라 보이는데 무슨 일이 있었

을까?' '오늘따라 말수가 적은데 왜 그러지?' 묻고 싶습니다. 하지만 직관은 순간 떠오른 느낌일 뿐 근거가 없습니다. 옳아야 할 필요도, 주장할 이유도 없으니 직관대로 자연스럽게 묻고, 선택은 아이에게 맡기면 됩니다. 설사 무슨 일이 있었더라도 아이가 지금은 말하고 싶지 않을 수 있습니다. 그럴 때는 살짝 물러나서 기다려주세요. "언제든 네가 얘기하고 싶을 때 말해줘." 아이가 대화를 이어가기 원하면 진전시키고, 아니면 넘어가주세요. 부모의 직관으로 대답을 강요하는 행위는 질문이 아닌 취조로 변질될 수 있습니다.

마지막으로, 침묵을 불편하게 생각하지 말아야 합니다. 곧바로 대답할 수 없는 질문, 나를 '헉!' 하게 만든 질문들이 있지 않나요? 대개 좋은 질문들은 말문을 막히게 합니다. 정곡을 찔렀거나 미처 생각지 못했던 부분을 건드리니까요. 아이는 단답형이 아닌 열린 질문에 익숙하지 않습니다. 당연히 대답하는 데 시간이 걸릴 수밖에 없습니다. 부모를 무시하거나, 부모의 노력에 동참하려 하지 않는 것이 아닙니다. 침묵하면서 자기 나름으로 생각을 정리하는 아이를 채근하지 말고 기다려주세요. 저도 성격이 급한 편인데, 가끔 침묵이 힘겨울 때는 속으로 숫자 세기가 도움이 되더라고요.

닫힌 의사소통과 열린 의사소통

1. 닫힌 의사소통

"오늘 학교는 어땠어?"

"좋았어요."

"오늘 뭘 했어?"

"아무것도 안 했어요."

"학교에서 6시간이나 있었는데 아무것도 안 했다고?"

"아니, 정말 안 했어요. 저 지금 나가도 돼요?"

"어디 가는데?"

"밖에요."

"어디?"

"몰라요. 그냥 밖에요."

"언제 집에 돌아와?"

"나중에요."

"엄마가 아무리 노력해도 넌 항상 이런 식이구나? 가서 실컷 놀든지 말든지 네 마음대로 해!"

2. 열린 의사소통

"서준아, 오늘 어떻게 보냈니?"

"몰라요."

"평소 우리 아들 서준이 같지 않은데, 무슨 일 있었어?"

"별일 아니에요."

"그래? 무슨 일이 있는 것 같은데. 엄마한테 이야기하면 조금이라도 도움이 될지 몰라. 강요하진 않겠지만 네가 말하고 싶다면 언제든 들어줄게."

"네……."

"엄마는 언제든 들어줄 수 있어."

"제 짝 민준이 아시죠?"

"응."

"오늘 민준이가 저만 놔두고 민우와 점심 먹으러 갔어요. 저는 민준이를 한참 기다렸다가 갔는데 둘이 식당에서 신나게 떠들면서 즐거워하더라고요."

"그래?"

"네. 그래서 배가 아프고 하루 종일 속상했어요."

"저런. 속상했겠구나. 무슨 생각이 들었니?"

"저는 민준이도 저를 제일 친한 친구라고 생각하는 줄 알았는데, 민우와 더 친하게 지내는 모습을 보니까 배신감이 들었어요. 나만 친하다고 생각한 건가 속상하고요. 기분이 너무 나쁜데 어떻게 해야 할지 모르겠어요."

할 수 있다고 생각하면 할 수 있고, 할 수 없다고 생각하면 할 수 없을 것이다.
_헨리 포드

4

강점 육아 4단계

: 아이와 함께 강점 활용하여 실행하기Carrying out

아이에게 생각할 시간 주기

아이와 함께 목표를 세웠다면, 다음 단계는 목표 달성을 위한 대안을 만드는 것입니다. 이때 부모가 아이에게 답을 곧장 제시해서는 안 됩니다. 허무맹랑하고 현실 가능성이 없다 해도 아이가 충분히 자기 생각을 표현할 수 있도록 해야 합니다.

우리는 아이에게 가장 적합하고 효율적인 방법을 찾아주는 것이 부모의 역할이라고 생각합니다. 내 아이는 시행착오를 덜 겪고

꽃길만 걷게 하고 싶습니다. 하지만 정말 시행착오 없이 옳은 길을 찾을 수 있을까요? 부모가 찾아주는 길이 정말 아이에게 꼭 맞는 길일까요? 실패 없는 성공은 없습니다. 시행착오는 성장의 기회가 될 수 있습니다. 그래서 부모는 아이가 모든 가능성을 탐색할 수 있도록 경청하고 질문해야 합니다. 아이의 문제를 직접 해결해주고 방법을 제시하는 대신 아이가 스스로 성장하고 발달할 수 있도록 지원해야 합니다.

아이들은 매우 창의적이며 풍부한 자원과 생생한 상상력을 가지고 있습니다. 아이들의 생각은 놀라울 정도를 뛰어넘어 때로는 비현실적으로 보이기도 합니다. 아이들은 그런 생각을 전달한 후에 부모의 몸짓 언어에 민감하게 반응합니다. 우리가 내쉬는 한숨, 불안하게 굴리는 눈동자, 어깨짓 등으로 아이는 자기 생각에 대한 부모의 반응을 탐색합니다. 이 단계의 목적은 아이가 제시한 실행 방법의 성공 가능성을 판단하는 것이 아닙니다. 아이 스스로 다양한 가능성을 찾아내게 하는 것입니다. 그런 다음 목표를 향해 전진하면서 아이는 그중 가장 마음에 드는, 자기가 잘할 수 있는 하나를 선택할 것입니다. 아이가 자신에게 맞는 최고의 방법을 고를 때까지는 모든 가능성을 열어두고 긍적적으로 대해야 합니다.

'충조평판.' 충고, 조언, 평가, 판단만 선불리 하지 않아도 아이의 창의력을 키워주는 부모가 된다고 합니다. 아이가 여러 아이디어를 내며 눈을 반짝일 때, 충조평판 스위치는 잠깐 끄고, 아이와 함께 창의성의 문을 활짝 열어보면 어떨까요? 아이는 우리가 전혀 생각지도 못한 효과적인 방법을 창조해 세상을 깜짝 놀라게 할지도 모릅니다.

개입하기

그러나 아이가 방향을 찾지 못하고 헤맬 때도 있습니다. 이럴 때는 부모의 도움이 필요합니다. 다만 몇 가지 원칙을 지켜야 합니다. 우선 아이 스스로 방법을 찾을 수 있다고 부모는 믿고 있다는 것을 알려줍니다. 그런데도 아이의 자원이 고갈되었음을 확인하면 부모가 제안해도 되는지 먼저 아이의 동의를 구해야 합니다. 무작정 해결책을 제시하지 말고 "엄마가 몇 가지 생각해봤는데 공유해도 될까?" "아빠 생각에는 네 강점을 활용할 방법이 있는 것 같은데 얘기해도 되겠니?" 이런 식으로 말입니다. 아이가 원하지 않는데 부모가 간섭하고 제안하면 아이는 입을 다물어버리고 오히려 분노하거나 실망할 수 있습니다. 그럴 때 부모의 말은 잔소리에 불과합니다.

제안한 후에도 이는 '요구'가 아닌 '제안'이라는 사실을 명심하세요. 아이는 그 제안을 받아들일 수도, 거절할 수도 있습니다. 최종 선택은 아이가 하는 것이라는 사실을 다시금 확인시켜줍니다. 아이는 부모의 제안을 그대로 받아들일 수도 있고 거절할 수도 있으며 자기 생각을 더해 수정할 수도 있습니다. 제안을 듣고 '다른 것'이 떠오르는지 물어볼 수도 있습니다. 이렇듯 선택의 주체가 되면 아이에게 '책임'이 생깁니다. 사람에게는 자율성이 중요하므로, 자유의지를 갖고 책임을 느껴야 움직입니다. 직접 선택했기에 아이는 자기 선택에 책임을 지게 됩니다. 그 책임 속에서 문제가 생겼을 때 아이가 내미는 손을 부모는 잠깐씩 잡아주기만 하면 됩니다. 손을 잡고 아이를 내 마음대로 끌고 가서는 안 됩니다.

다음처럼 아이에게 질문해보세요.

"어떤 것을 하면 될까?"

"그 목표를 이루기 위해 우린 무엇을 할 수 있을까?

"그것 말고 다른 건 무엇이 있을까?"

"지금보다 10배 더 용감하다면 어떤 것을 해보고 싶니?"

"목표를 이루기 위해 써볼 수 있는 강점은 무엇이 있을까?"

"그 방법을 쓰는 데 엄마가 도와줄 건 뭐가 있을까?"

칭찬은 중요합니다. 그러나 공허한 칭찬은 칭찬이 아닙니다. 아이들이 지닌 기술이든 재능이든 진실한 것에 기초한 칭찬이어야 합니다. _주디스 브룩

5

강점 육아 5단계

: 축하와 피드백Kindness

아낌없이 칭찬하기

잠시 일을 쉬고 남편을 따라 미국에 갔을 때 배우자들을 위한 영어 수업 코스를 다녔습니다. 그때 수시로 축하를 건네는 그들의 모습이 매우 자연스러워서 놀랐던 기억이 있습니다. 생일이나 기념일을 위한 축하가 아니라 작은 성취를 이룰 때마다 서로 축하하는 모습이 인상적이었습니다.

저는 당시 핫이슈였던 '불법 체류 청소년 추방유예제도DACA'에

관한 에세이를 집필했습니다. 한 편 쓰는 데 두어 달이 걸릴 만큼 충분히 자료를 조사하고 토론하고 진행했습니다. 제가 어떤 생각에 갇혀 있다가 성찰하면서 생각이 열렸다는 이야기를 나누었습니다. 그러자 선생님이 다가와 제 어깨를 두드리며 "정말 축하한다. 당신의 성장이 정말 자랑스럽다"고 말해주었습니다. 매우 낯설고 생경한 경험이었습니다. 눈에 띄는 성취도 아니고, 에세이를 써서 상을 탄 것도 아니지만 순간의 성장을 놓치지 않고 축하해준 모습이 아직도 떠오릅니다.

이렇듯 축하는 당사자뿐만 아니라 함께하는 모든 사람의 에너지를 올려줍니다. 그러나 우리는 축하와 칭찬에 너무 인색합니다. 누구보다 월등히 뛰어나거나 눈에 띄는 성과만 칭찬하는 데 익숙한 나머지, 어린아이들도 친구를 경쟁상대로 대하고 여간해서는 성공의 뿌듯한 감정을 경험하기 어렵습니다.

아이의 성장을 온전히 기다려주기

아이가 막 걸음마를 했을 때를 기억하나요? 부모라면 엄청난 감격과 기쁨을 느꼈을 겁니다. 아기의 엉덩이를 도닥이고 그 걸음에 찬사와 축하를 보냈을 테지요. 그러나 점점 자라면서 아이가 어려운 단어를 말하고 새로운 시도를 거듭해도 부모들은 더는 쉽게 기빼하지 않습니다. 오히려 다른 아이들과 비교하고 부족한 부분을 찾아내 우려하고 불안해합니다.

하지만 아이는 매일 조금씩 작은 성취를 이뤄내고 있습니다. 어제보다 오늘 한 뼘씩 자라고 있습니다. 작고 소소하더라도 그 성장을 축하한다면 더욱 용기 있게 살지 않을까요? 아이가 강점을 찾아가며 직접 세운 목표를 달성하면 그 과정에 아낌없는 축하를 보내주세요.

만 6세경이 되면 아이들의 유치가 빠지고 영구치가 나기 시작합니다. 치아는 우리 몸에서 새것으로 대체되는 유일한 기관입니다. 유치가 빠지는 시기는 아이들의 학령기와도 관련 있습니다. 앞니가 빠지는 시기는 학교에 가기 전후, 어금니가 빠지는 시기는 초등학교 고학년쯤입니다.

유치가 빠지는 모습을 보면 숭고하기까지 합니다. 영구치가 나올 때까지 그 자리를 공고히 지키고 제 역할을 하다가 새로운 영구치가 나오면 조용히 자리를 비켜주니까요. 유치에 관해 나라마다 다양한 이야기들이 있는 이유는 유치의 노고에 대한 축하와 인정의 의미가 아닐까요?

유치를 보면 부모의 자리를 생각하게 됩니다. 아이가 제 길을 찾을 때까지 온전히 기다려주었다가 찾아내면 조용히 물러나는, 이것이 부모의 모습이 아닐까 합니다.

두뇌 발달에 따른 강점 육아

아이 몸에서 가장 먼저 성인과 비슷한 크기까지 자라는 기관은 뇌입니다. 만 6세가 되면 뇌는 성인의 95%까지 성장합니다. 신경 연결은 심지어 어른보다 아이가 더 많습니다. 만 30개월의 보통 유아는 성인에 비해 신경 연결이 50% 정도 더 이루어져 있다는 연구 결과가 있습니다. 만 12세 전까지 뇌는 사고 기능을 담당하는 회백질을 과잉 생산합니다. 아이가 세상에 태어나 배울 것이 얼마나 많은지 생각한다면 뇌의 이런 활동이 이해됩니다. 하지만 뇌는 계속 변화하지요. 뇌의 양적 성장은 어릴 때 많이 일어나지만 질적 성장은 평생 동안 발생하니까요. 시기를 놓쳤다고 불안해할 필요는 없지만, 어린 시절 뇌의 성장을 이해하면 아이의 나이별로 강점을 강화하고 도와줄 이해의 폭을 넓힐 수 있습니다.

낭만적 단계 | 초기 |

이 단계는 대략 초등학생 시절입니다. 이 시기의 아이들은 놀고 탐험하며 잠재적 강점을 즐겁게 드러낼 수 있습니다. 부모는 아이가 어떤 활동에 관심과 흥미를 보이는지, 어떤 특성을 자주 드러내는지 관찰할 수 있습니다. 아이가 관심 있어 하는 활동의 기회를 제공하는 것이 이 시기 부모의 주요 역할입니다. 그 과정에서 앞서 설명한 강점의 여러 신호를 알아챌 수 있습니다.

책을 쓸 때 저는 일단 원고와 관련된 자료를 무작정 많이 모으는 일부터 시작하는데, 이 시기가 그와 비슷하다고 볼 수 있습니다. 퍼즐, 게임, 음악, 스포츠, 친구, 동물, 자전거, 책, 게임 등 아이는 흥미로워 보이는 모든 것을 배우고 익히며 모아갑니다. 살아가는 데 정말 필요한지, 나중에도 계속 좋아할지 알 수 없지만, 여러 가지 기술을 배워가는 시기라 어른보다 더 많은 신경 연결이 이루어집니다.

미래에 아이가 선택할 모든 잠재적 길을 경험할 기회를 제공하는 것처럼, 어린 뇌는 과부하 상태입니다.

정밀한 단계 | 중기 |

이 단계는 청소년기 초반부터 중반까지, 대략 초등학교 고학년과 중학생입니다. 자신이 무엇을 좋아하고 어디에 열정을 느끼는지 더 명확히 알게 되는 시기입니다. 부모는 아이가 강점을 더욱 발전시킬 수 있도록 기회와 자원을 제공할 수 있습니다. 감각적인 재능이 있는 아이라면 그 분야를 파고들도록 지원할 수 있고, 지능이 뛰어난 아이라면 공부가 중시되는 한국 사회에서 유리할 수 있지요.

이 시기의 뇌는 아동기에 이루어지는 성장과 다른 형태로 성장해갑니다. 과하게 자랐던 신경 연결이 오랜 기간에 걸쳐 점점 줄

어듭니다. 이 과정을 심리학에서는 '신경 가지치기pruning'라고 부릅니다. 무엇이 쓸모 있는지 몰라서 마구 가지를 뻗었다가 더는 키울 필요가 없는 부분은 줄이고, 성장시켜야 하는 곳에 영양과 에너지를 집중합니다. 이런 취사 선택을 통하여 뇌는 전문화되고 효율적으로 기능하도록 성숙화 과정을 거칩니다. 제가 책을 쓸 때 모은 자료를 읽고 목차에 따라 정리하고 필요 없는 것은 버리는 과정과 같습니다.

그렇다면 뇌는 어떤 부분의 신경 연결을 삭제하며, 우리는 그것을 어떻게 알아채고 조절할 수 있을까요? 연구에 따르면, 인간의 많은 부분이 그렇듯 신경 가지치기도 유전적으로 결정되는 부분이 크다고 합니다. 하지만 후천적으로는 신경 경쟁을 통해 발생하는데, 아이가 자주 쓰는 신경망은 사용에 더 적합해지고 강해지면서 살아남고 덜 사용하는 신경망은 삭제됩니다. 이처럼 예민하고 섬세한 과정이 뇌에서 일어나고 있으니 아이는 본인의 변화에 민감할 수밖에 없습니다.

게다가 사춘기는 감정을 담당하는 변연계가 이성을 담당하는 전두엽보다 일시적으로 우세한 시기입니다. 두 부분이 연결되어 서로를 적절하게 조절하는 기전이 덜 발달하다 보니 자신의 예민하고 섬세한 변화를 제대로 진단할 수도, 남에게 설명할 수도 없는 경우가 많습니다. 그래서 부모에게 짜증을 내고 문을 쾅 닫고 세상 근심은 혼자 다 짊어진 듯한 모습을 보입니다. 뇌과학자들에 따르면 이 시기의 아이들은 현 시점을 기준으로만 세상을 바라봅니다. 미래를 내다보는 능력을 제공하는 뇌 부위들이 아직 연결되지 않았기 때문입니다.

어른인 우리는 지금 당장의 현실과 향후 올 미래의 삶은 다르다는 사실을 경험해서 알지만, 이 시기의 아이들은 그런 생각을 할 수 없으므로 학폭이나 왕따 같은 나쁜 상황에 놓였을 때, 이 상태를 벗어날 수 없다고 절망해 위험한 선택을 하는 비극도 일어납니다. 어른들이 더 열심히, 섬세하게 이 시기의 아이들을 살펴봐야 하는 이유입니다.

가지치기를 하고 살아남은 신경망에 집중하는 이 시기는, 그래서 가장 활동적입니다. 지식의 효용성과는 상관없이 전달 방식이 흥미롭다면 배움 자체만으로 흥미를 느끼는 유일한 시기이며 배울 준비가 유독 잘된 시기이기도 합니다. 이 시기의 아이들이 학습을 포기하지 않도록 강점에 따라 다각도로 접근할 수 있도록 돕는 역할도 우리의 몫입니다.

통합단계 | 후기 |

북한이 우리나라에 쳐들어오지 못하는 이유가 중2 아이들 때문이라는 우스갯소리가 있습니다. 그 정도로 중학생의 질풍노도는 심합니다. 뇌과학적으로 보면 신경망이 재편되는 시기인데 아는 것과 느끼는 것이 원활히 연결되지 않는다고 하니, 아이들의 방황이 이해되기도 합니다. 많은 교사들이 고등학생은 중학생과 다르다고 말합니다.

10대 후반이 되면 백질의 연결성이 확장되면서 끊겨 있던 전두엽과 변연계가 연결됩니다. 이제야 말이 좀 통하는 사람이 되지요. 이전 단계를 잘 지나온 아이들은 자신의 강점과 관련해 수준 높은 성과를 달성하거나 상당한 숙련도를 보입니다. 이러한 강점은 온전한 특성이 되고, 자기 정체성의 일부가 됩니다. 이 시기에 자신의 강점을 잘 알고 있으면 진로를 정할 때 관련 경험을 효과적으로 쌓을 수 있습니다. 강점을 이용해 자신에게 잘 맞는 공부법을 찾을 수도 있지요.

아이를 키우는 과정은 수양의 과정과 같습니다.
육아를 하지 않으면 몰랐을 나의 상처, 기억, 경험들이 불쑥불쑥 올라옵니다.
올라오는 것을 누르거나 외면하면 어디선가 터지고 맙니다.
그 '어디서'가 우리 아이들이 될 수도 있습니다.
"나 있고 너 있다."
부모가 우선 행복해야 합니다. 행복한 부모 밑에서 행복한 아이가 자랍니다.

03

아이를 움직이는 말을 찾으라

말은 몸속으로 들어온다. 그래서 우리를 건강하게 하고 희망차게 만들며 행복하게 한다. 그러나 말은 우리 몸속으로 들어와 우리를 우울하게 하고 아프게도 한다. _마야 안젤루

1
부모의 감정부터 들여다보기

부모가 우선 행복해야 한다

재독철학가 한병철은 《피로사회》에서 현재를 '신경증의 시대'라고 정의합니다. 시대마다 고유한 질병이 있는데 현대사회를 가장 크게 위협하는 것은 세균도 바이러스도 아닌 우울증, ADHD, 번아웃증후군 등 정신과 질환이라는 말입니다. 그중에서도 우리나라의 우울증은 세계 최고 수준입니다. 2020년 조사한 OECD 국가 중 우리나라의 우울증 유병률은 36.8%로 1위를 차지했습니다. 국민 10명

중 4명이 우울증을 가지고 있다는 뜻입니다. 그러나 치료를 받는 비율은 외국의 5%밖에 안 된다는 기사도 있습니다. 바쁘다는 핑계로 마음을 마주하지 못하거나, 알면서도 '괜찮은 척' 살고 있기 때문입니다. '괜찮은 척' 사는 삶과 괜찮은 삶은 다릅니다.

> "표현하지 않은 감정은 절대 죽지 않는다. 산 채로 묻혀서 나중에 더 추한 모습으로 등장한다."

프로이트의 말입니다. 감정은 그렇습니다. 괜찮은 척하고 지낸다고 해서 해결되지 않은 감정이 사라지지 않습니다. 어느 날 겉으로 보기에는 별것 아닌 일로 툭 터져 나와, 자신을 학대하거나 주변 사람을 괴롭히는 등 엄청난 파장을 일으킵니다. 감정은 감정의 주인이 알아봐주고 달래주지 않으면 폭주할 수 있습니다. 흙탕물을 퍼서 보면 탁해서 속이 보이지 않습니다. 뭐가 있는지 안 보인다고 마구 흔들면 더욱 흐려져 아무것도 안 보입니다. 흙탕물을 그대로 두고 기다려야 합니다. 그러면 가라앉을 것은 가라앉고 떠오를 것은 떠오르면서 실체가 보이기 시작합니다. 우리의 마음도 그렇습니다.

평소 살피지 않은 우리의 마음은 흙탕물과 같습니다. 그 상태에서는 아무것도 제대로 보이지 않습니다. 내 강점과 약점은 물론 아이나 배우자의 강점, 약점이 하나도 안 보입니다. 해결되지 않은 감정들만 남아 짜증과 화만 불러일으킬 뿐입니다. 짜증과 화는 마음을 흔들어대는 것과 같습니다. 더 탁하고 흐리게 만듭니다. 자신을 제대로 보려면 흙탕물을 가라앉혀야 합니다.

그래서 강점strength과 만나기 전에 감정emotion을 점검해야 합니다. 수많은 자극이 계속 들어오는 일상에서 감정을 인지하기는 어렵습니다. 훈련되어 있지 않다면 더더욱 그렇지요. 그래서 하루에 잠깐 5분씩이라도 자신을 들여다보아야 합니다. 자기계발서에서 명상을 강조하는 이유도, 육아서에서 아이에게 반응하기 위해 잠시 멈추는 시간을 가지라고 강조하는 이유도 그래서입니다. 멈춰서 정성껏 들여다보지 않으면 내 마음을 정확하게 알 수 없습니다. 자꾸 들여다보고 말을 걸어주면 비로소 내 마음속 어린아이가 빼꼼 얼굴을 내밉니다.

내 안의 감정 해결하기

신경의학과 전문의 휴 미실다인W.Hugh Missildine 박사는 사람에게는 두 개의 자아가 존재한다고 말합니다. 하나는 어린 시절 경험한 부모의 생각, 감정, 행동, 태도 등을 유사하게 닮은 '내면 부모inner parent', 다른 하나는 그런 부모의 양육 방식에 대한 자아의 내적 반응으로 형성된 '내면 아이inner child'입니다. 어른 속에 있는 내면 아이는 어린 시절의 경험을 주관적으로 해석하고 삶에 지속적인 영향을 주는 존재입니다. 내면 아이는 어른이 되어서도 사라지지 않고 여전히 내게 붙어 지내는 어린 시절입니다.

누구나 내면 아이를 마음속에 품고 있습니다. 밝고 천진난만한 내면 아이는 삶에 도움이 되지만, 항상 뭔가를 갈구하는 내면 아이는 그것이 해소되지 않으면 다른 곳에서 헤맵니다. 내면 아이는 예고 없이 나타나는 바람에, 잊고 살다가 육아하면서 마주하는 경우가 많습니다. 아이를 키우다 맞닥뜨리는 상황이 내 안에서 해결되지 못한 것과 섞이면 원치 않은 육아 반응이 튀어나옵니다. 아이를 잘 키우기 위해서도 내 안의 감정 해결은 무엇보다 중요합니다.

저는 좀 굼뜬 아이였습니다. 그래서 가끔은 못된 아이들의 표적이 되기도 했지요. 어머니는 그런 제가 답답하고 걱정스러웠을 것입니다. 저도 눈치 있고 빠릿빠릿하고 싶었지만 잘되지 않아 힘들었습니다. 아이를 낳아 키우면서 제 안의 내면 부모와 내면 아이가 고개를 듭니다. 아이 역시 저를 닮아 굼떴습니다. 그런 데다가 고집까지 엄청 센 아이였습니다. 더 강적을 만났지요. 아이의 느린 행동에 내면 부모가 반사적으로 반응합니다. “얼른 앞으로 가서 받아.” “더 이쪽으로 나와야지.” 나도 모르게 아이에게 이런 말들로 주문합니다. 나서지 못하고 자기 것을 챙기지 못하는 아이가 내심 속상합니다. 그런데 아이는 버티면서 오히려 타당한 이유로 저를 설득시킵니다.

학원 버스를 탈 때도 제일 뒷자리에 탑니다. 셔틀버스에서 아이가 내리지 못하고 사망한, 있어서는 안 되는 비극적인 사고가 일어난 해 여름이었습니다. 버스 앞자리에 타라고 아이에게 주문합니다. 아이는 곰곰이 생각하더니 원래대로 뒷자리에 가서 앉습니다. 아이에게 왜 뒤로 가는지 물었습니다.

"내가 앞자리에 먼저 앉아버리면 다른 친구가 힘들게 뒤로 가서 앉아야 하잖아. 먼저 탄 사람이 뒷자리부터 타야 다음 친구들이 타기 편하지."

순간 얼굴이 화끈거렸습니다. 아이들을 대하는 소아치과 의사라는 사람이 내 아이만 우선했습니다. 아이는 저보다 더 사려 깊게 생각하고 있었고요. 아이의 행동에는 늘 이유가 있습니다. 느리고 굼뜨지만 자기 속도에 맞추어 나아가는 아이는 답답함을 느끼지 않습니다. 혹여 내 아이가 손해볼까 걱정하고 우려한 것은 엄마의 시선이었습니다. 제 내면의 어린아이를 봅니다. 그 아이도 천천히 하고 싶었습니다. 나서고 싶지 않았습니다. 충분히 생각하고 고민하고 싶었습니다.

'자기 바라보기self-distancing'라는 코칭법이 있습니다. 현재 상태의 자신에게서 벗어나 거리를 두고 바라보는 방법입니다. 이렇게 하면 문제나 상황과 자기를 동일시하지 않고 객관적으로 볼 수 있습니다. 소위 '메타 인지'가 되는 것이지요. 한 발짝 떨어져서 바라보면 비로소 자신을 이해할 수 있는 힘이 생깁니다. 자신을 온전히 이해하면 문제를 해결하고 앞으로 나아갈 힘도 생깁니다. 내면 아이가 드디어 성장할 수 있게 됩니다.

아이를 키우는 과정은 수양과 같습니다. 육아를 하지 않으면 몰랐을 나의 상처, 기억, 경험들이 불쑥불쑥 올라옵니다. 올라오는 이유는 알아봐 달라는 것입니다. 올라오는 것을 억지로 누르고 외면하면 어디선가 터져버리고 맙니다. 그 '어디서'가 우리 아이들이 될 수도 있습니다. "나 있고 너 있다." 제가 자주 하는 말입니다. 부모가 우선 행복해야 합니다. 행복한 부모 밑에서 행복한 아이가 자랍니다.

나의 감정과 만나기

탁하고 흐린 렌즈를 통해 아이를 바라보지 않으려면 부모 먼저 자신과 만나야 합니다. 내 욕구와 감정 상태를 제대로 인지해야 아이의 존재를 똑바로 볼 수 있기 때문입니다.

대개 마음 챙김이라 하면 책상다리로 앉아 명상하는 모습을 떠올리는데 꼭 그럴 필요는 없습니다. 마음속에서 일어나는 일에 실시간으로 주파수를 맞추는 것입니다. 현재 생각과 감정이 머무는 곳을 인식하고 그것을 파악하여 회복하는 것입니다. 그냥 하던 대로, 느끼던 대로 사는 것이 아니라 내 마음에서 일어나는 일들을 약간 떨어져서 바라보세요. 내 감정이나 생각을 세상의 여러 자극과 섞지 않고, 있는 그대로 마주하는 중요한 행위입니다.

《죽음의 수용소에서》를 쓴 정신과의사 빅터 프랭클Viktor Frankl 박사는 "모든 자극과 반응 사이에는 공간gap이 있다"라고 말했습니다. 우리는 어떤 자극을 받으면 늘 하던 대로, 습관적으로 반응합니다. 그래야 에너지를 줄일 수 있어 생존에 유리하니까요. 마치 자동조정시스템autopilot과도 같습니다. 익숙한 길을 운전할 때 특별히 주의를 기울이지 않아도 목적지로 향하는 원리입니다. 자동조정시스템은 힘들고 피곤할 때 더욱 활성화됩니다. 스트레스가 크거나 피곤할수록, 아이의 자극에 늘 하던 대로, 내가 부모에게 받았던 대로 익숙하게 반응합니다. 이때 자극을 인식하고 자극에 대한 반응 사이에 공간gap을 두면, 어떻게 반응할지에 대한 선택지가 생깁니다.

육아에서 마음 챙김이 무엇보다 중요한 이유입니다. 곧바로 반응하지 않고 자극에 공간을 두며 내 마음을 먼저 살핀다면, 나에 대한 인식과 반응에 차이가 생깁니다.

세상을 움직이는 민족이라고 알려진 유대인에게는 특별한 날이 있습니다. 그들은 토요일을 '사바스Sabbath', 안식일로 정해 자기 자신과 대면하도록 합니다. 유대인은 안식일을 만든 최초의 민족이라고 합니다. 사바스는 '나'를 찾는 날이기에 일반 활동들을 금지합니다. 음식점, 유원지, 공원, 박물관 등 모두 문을 닫습니다. 대중교통도 거의 금지되며 탄다고 해도 30%의 할증요금을 내야 하고 주

유소도 문을 닫습니다. 일주일에 하루는 모든 걸 내려놓고 쉬면서 독서하고 토론하고 사색하며 자신을 들여다보는 것이 그 무엇보다 중요하다고 생각한 유대인에게서 '마음 챙김'의 힘을 느낄 수 있습니다. 세상을 움직이는 유대인의 힘은 이 사바스에서 나왔는지도 모릅니다.

부모의 감정을 아는 것이 중요한 이유

미국 초등학교에서 저학년을 담당하는 담임교사들을 대상으로 한 흥미로운 실험이 있습니다. 실험자는 먼저 교사들의 '수학 불안 정도math anxiety scale'를 측정한 후에 첫 학기 시작 전, 이들이 맡은 반 아이들의 수학 불안 정도를 측정했습니다. 일 년 후 같은 아이들을 대상으로 다시 측정한 결과, 수학 불안 정도가 높은 교사에게 배운 아이들이 그렇지 않은 아이들보다 더 높은 불안 정도를 보였다고 합니다.

부모들을 대상으로 한 실험도 있습니다. 아이의 수학 불안 정도에 부모가 어떤 영향을 미치는지 12년 동안 조사했지요. 부모들의 수학 불안 정도를 측정한 후 자녀들을 초등 3학년까지 관찰한 결과, 불안 정도가 지속적으로 높은 부모의 자녀들은 그렇지 않은 부모의 자녀들보다 수학을 못하는 것으로 나타났습니다.

더 주목할 만한 사실이 있습니다. 수학 불안 정도가 높은 부모가 적극적으로 아이의 학습을 지도했을 때 아이의 불안 정도가 훨씬 높게 나타난 반면, 부모의 도움 없이 혼자 공부한 아이들은 그런 현상을 보이지 않았다고 합니다. 부모의 불안이 아이에게 고스란히 학습되는 것입니다.

이런 연구를 보면 불안해하면 안 되겠다는 생각이 듭니다. 그런데 감정이 없애고 싶다고 없어집니까? 불안이라는 감정은 나쁘기만 할까요? 그렇지 않습니다. 불안은 세상을 사는 데 꼭 필요한 감정입니다. 감정은 억누를수록 더 심해집니다. 불안을 없애려 하면 더 불안해집니다. 가만히 불안을 들여다보세요. '내가 왜 불안하지?' '뭐가 걱정일까?' 스스로 물어보세요. 분리해서 바라보면 그 불안을 다스릴 수 있습니다.

충치가 심한 아이가 병원에 왔습니다. 충치 개수는 많고 아이는 너무 어려서 일반 치료보다 수면 치료가 좋겠다고 보호자에게 제안했습니다. 어머니는 너무 불안해했고, 치료 당일에도 계속 안절부절못했습니다. 부모가 불안해하면 아이도 같이 느끼고 잠들지 못하는 경우가 많아서 어머니와 대화를 나누었습니다.

어머니의 불안은 아이를 이 상태까지 방치했다는 죄책감과 혹여 잘못된 선택으로 아이를 괴롭게 할지 모른다는 두려움이었습니다. 가족 등 주변의 시선까지 어머니를 힘들게 했습니다. 어머니의 불안을 이해하고 그 불안을 아이와 분리시키자 아이의 상황이 명확히 보인다고 하셨습니다. 우유부단하게 굴면 아이를 더 힘들게 할 것 같으니 단단히 마음먹겠다고, 진료실에서 아이의 울음소리를 들으면 더 힘들 것 같으니 치료 끝나면 연락을 달라고 하셨습니다. 수면 치료를 하려면 금식해야 해서 부모도 같이 굶는 경우가 대부분입니다. 제 아이처럼 최선을 다할 테니 가서 식사하시고 커피도 드시라고 어머니께 권합니다. 엄마가 편히 있어야 아이도 더 잘 자고 저도 더 잘 치료할 수 있다고요.

부모가 자신의 감정을 알고 이해하는 것은 자녀를 키우는 데 무엇보다 중요합니다. 육아 과정에서 발생하는 수많은 감정의 소용돌이는 나의 양육환경이었던 과거의 감정, 아이를 대하는 지금의 감정, 아이에 대한 걱정과 불안, 아이의 현재와 미래가 모두 뒤엉켜 있는 상황이기 때문입니다.

나와 아이를 분리하고, 과거와 현재를 구분하고, 내 감정과 아이의 감정을 구분하면 상황이 명확하게 보입니다. 마구 흔들어서 희뿌옇던 흙탕물이 잠잠해지면서 층이 나뉘는 것과 같습니다.

부모가 행복해야 아이가 행복하다

학생들의 코칭을 진행하면서 아이들이 부모의 감정에 영향을 매우 많이 받는다는 사실을 알았습니다. 의존적인 아이가 아니라도 자신의 선택과 행동을 부모님은 어떻게 생각하는지, 과거에는 어떻게 반응했는지 부모보다 더 자세하게 기억하고 있었습니다. 아이들은 부모가 행복해하고 기뻐하면 자신의 선택이 옳다고 생각하며 안도했습니다. 아이는 어른보다 훨씬 더 자주 부모의 기분을 살피고 궁금해합니다. 하지만 정작 부모는 아이의 행복을 위해 자신의 행복은 뒤로 밀어두는 경우가 많습니다.

2010년 일본의 교육문화 전문기업 '베네세'가 운영하는 베네세 차세대육성연구소에서는 서울, 도쿄, 베이징, 상하이, 타이베이에 거주하는 미취학 아동의 부모들을 상대로 설문조사를 했습니다. "아이를 위해 희생하고 있다"라는 항목에 서울 부모의 80퍼센트 이상이 "그렇다"라고 답했습니다. 도쿄 36.7퍼센트, 베이징 43.2퍼센트, 타이베이 54.3퍼센트에 비해 매우 높은 수치입니다. 주변을 둘러봐도 한국 부모만큼 자녀 위주로 사는 부모는 없습니다. 하지만 최선을 다해도 스스로 부족하다고 느끼고 자책하는 경우를 많이 접합니다.

저는 워킹맘입니다. 치과 일도 하고 코칭도 하고 강연도 하고 책도 쓰고 참 바쁩니다. 그래서 항상 아이에게 미안한 마음이 있습니다. 다른 엄마들처럼 요리도 잘 못하고 챙긴다고 해도 뭔가를 빠뜨리기 일쑤입니다. 이리저리 동동거려도 항상 허술하고 일도 육아도 엉망진창입니다. 그러다 거울을 봤는데 잔뜩 찌푸리고 오만상을 한 제 얼굴이 보였습니다. 내 아이는 엄마의 이런 얼굴과 모습을 보고 있었겠구나 생각하니 정신이 번쩍 들었습니다. 거울 속의 저에게 말해줬습니다.

"고생했어, 얼마나 수고가 많니? 정말 대단해. 괜찮아, 괜찮아."

한참 마음을 다독이고 나니 엉켜 있는 감정들이 보입니다. 일하는 엄마이지만 전업 엄마처럼 아이를 완벽하게 보살피고 싶은 욕심, 행여 뒤처질까 두려운 마음, 그래도 일을 사랑하고 하고 싶은 내 마음…… 모든 감정을 쭉 펼쳐봅니다. 들추고 펼쳐내니 알아주는 것만으로 사라지는 감정도 있고, 인정하고 안고 가야 하는 감정도 있습니다. 그러자 비로소 내 욕구와 갈망이 보입니다. 일이 좋고 아이도 중요합니다.

하지만 이대로라면 폭주 기관차처럼 결국 아이도 나도 터져버릴 게 자명했습니다. 도움이 절실히 필요했습니다. 남편에게 메일을 보냈습니다. 말로 하면 억울한 감정이 치솟아 내가 잘했니 네가 못했니 싸울 것 같아서 어떤 부분을 정확히 어떻게 도와주면 좋겠다고 담백하게 주문했습니다. 아이에게도 엄마에게 일이 어떤 의미인지 설명해주며, 엄마의 덜렁거림을 인정하고 도와 달라고 했습니다. 하지만 "타임아웃"처럼 아이가 원할 때는 언제든 모든 것을 멈추고 달려와 집중하겠다고 약속했습니다. 주변에도 도움을 요청했습니다. 고슴도치처럼 가시를 세우고 나 혼자 모든 것을 잘해내려고 할 때는 사방이 모두 적군 같았는데, 가시를 눕히고 갑옷을 벗으니 도와주는 사람이 참 많았습니다.

여전히 사회 시스템은 엄마에게 불리한 부분이 많습니다. 그러나 느리게나마 바뀌고 있고, 탓만 하기보다는 나부터 바뀌면서 뒤따라오는 후배 엄마들을 챙기고 이해한다면 좋은 변화가 더 빨리 올 수 있지 않을까요.

매일은 아니라도 일주일에 한 번은 '엄마 반성문'이 아닌 '엄마 칭찬문'을 써보세요. 거울을 보며 자신에게 말해줘도 좋고, 글로 써도 좋습니다. 직장에서든 가정에서든, 모든 엄마는 일하는 엄마입니다. 자신을 품을 수 있는 사람이 타인도, 아이도 품을 수 있습니다. 하루 동안, 일주일 동안 수고한 자신에게 자책감 대신 응원과 칭찬을 건네주세요. 다들 최선을 다해 하루하루를 열심히 살아가고 있습니다.

엄마가 행복해야 아이가 행복합니다. 아이는 본능적으로, 직접적으로 엄마의 행복을 느낄 수 있습니다. 열심히 살고 행복한 엄마의 모습 자체가 아이에게는 더할 나위 없이 훌륭한 교육입니다. 그런 엄마를 보며 아이는 인생을 대하는 태도를 배웁니다.

국내 1세대 여성 임원이자 코칭 전문가인 윤여순 코치의 말처럼 "엄마 스스로 열심히 산다는 데 대한 긍정적인 자신감과 확신을 가지면" 아이는 더욱 밝고 크게 자랍니다.

과거의 직업이 근육과 관계가 있었다면 요즘의 직업은 두뇌와 관계가 있다.
그러나 미래의 직업은 심장과 관계가 있을 것이다. _미노체 샤피크

2
공감 능력을 키우는 부모의 말

감정을 알아차리는 능력이 필요하다

우리 아이들은 어떻게 키워야 하는가. 예측하기 힘든 시대이니 알아서 크라고 내버려두어야 할까. 미래에는 어떤 사람들이 경쟁력을 가질 수 있을까. 그 경쟁력을 키워주기 위해 부모는 어떤 노력을 해야 할까. 모두의 고민일 것이다.

물론 정답은 모른다. 아무도 알 수 없다. 하지만 나는 앞으로의 세상은 '타인의 감정을 살buy 수 있는 사람'이 움직일 것이라고 예상한다. 사람

의 감정을 동하게 하고, 그 감정의 포인트를 알아 지불하게 만드는 산업, 그리고 사람. 그 부분이 포인트가 되지 않을까. 그럼 타인의 감정을 사려면 어떤 능력이 발달해야 할까? 그 핵심은 공감능력이라 생각한다. 공감의 한자는 한 가지 공共에 느낄 감感이다. 한 가지로 느낀다는 뜻이다. 느낄 감感을 파자해보면 咸(다 함) 자와 心(마음 심) 자가 결합한 모습이다. 咸 자는 '모두'나 '남김없이'라는 뜻을 갖고 있다. 이렇게 '남김없이'라는 뜻을 가진 咸 자에 心 자를 결합한 感 자는 '모조리 느끼다'라는 뜻으로 만들어졌다. 여기서 말하는 '모조리 느끼다'라는 것은 오감五感을 통해 느낀다는 뜻이다. 오감을 통해 상대의 마음에 한 가지 마음으로 닿는 것이 공감이다. 오감으로 느끼는 것도 어렵고, 그것을 마음에 닿기도 어려우며 한 가지가 되기는 더욱 어려운 일이다. 이 어려운 공감을 잘하려면 우선 무엇부터 해야 할까? 오감으로 먼저 느껴야 한다. 내 감정과 기분을 먼저 느껴야 한다. 내 감정을 오롯이 알아야 상대의 감정도 이해할 수 있다. 자신의 감정과 기분을 모르는 사람은 절대 타인을 이해할 수 없다. 흉내만 낼 뿐이다. 감정의 다양함과 미묘한 차이를 아는 사람만이 타인의 감정을 이해할 수 있고, 더 나아가 그 감정이 원하는 바를 제공할 수 있다. 그곳에 바로 부와 성공이 있지 않을까.

제가 한근태 작가의 책《공부란 무엇인가》에 쓴 구절입니다. 세계의 명문대학들은 앞다투어 많은 돈을 투자해 감정이 무엇인지 관찰하고 기록하는 첨단과학 장비들을 개발하고 연구를 진행합니다. 다음 시대는 '감정'을 이해하는 사람, 타인의 감정을 공감할 수 있는 사람이 가장 큰 힘을 가질 것이라 생각하기 때문입니다. 일본에는 지도자를 교육하는 곳으로 유명한 '마쓰시타정경숙'•이라는 곳이 있습니다. 거기서는 사람들을 실컷 울고 깔깔 웃을 때까지 못살게 군다고 합니다. 그냥 울고 웃는 것이 아니라 아이처럼 점잖지 못하게 마구 울고 웃긴다고요. 아이 되는 교육을 받는 것입니다.

아이들은 욕구에 명확합니다. 신생아도 말을 못할 뿐 배고프고 졸리고 불편하면 나름의 방법으로 욕구와 감정을 표현합니다. 조금 더 크면 주양육자와 상호작용을 시작합니다. 아이는 주양육자의 표정을 살피고 따라 합니다. 엄마가 웃으면 웃고 울면 웁니다. 애착 관계가 충분히 형성되면 엄마의 상태를 살피기도 합니다. 자기의 감정을 알고 상대의 감정을 봅니다. 어린아이들은 이미 공감능력을 갖추고 있습니다.

아이들은 아프면 웁니다. 화가 나도 웁니다. 화나는 감정에 대한 솔직한 대응으로 소리를 지릅니다. 그런데 부모는 "울지 말고 예쁘게 말하라고 했지!"라고 윽박지릅니다. 아니, 아프고 화나는데 어떻게 말이 예쁘게 나오나요? 아이들은 혼란스럽습니다. 사랑하는 엄마가 화를 내니까 내 감정이 잘못된 것인가 생각합니다. 그렇게

• 일본의 젊은 차세대 리더들을 양성하는 기관으로 마쓰시타 전기산업의 창업자인 고故 마쓰시타 고노스케가 설립하였다.

서서히 자신의 감정을 잃어갑니다. 자신의 감정을 모르는 사람은 타인의 감정도 알 수 없습니다. 어느 때보다 연결된 시대에 우리는 어느 때보다 단절되어 살아갑니다.

감성지능인 EQ를 세상에 알린 다니엘 골먼Daniel Goleman은 "감성지능은 자신의 감정과 타인의 감정을 인식하고 그것을 식별해내며 자신의 사고와 행동을 관리하기 위해 그 정보를 사용하는 능력"이라고 했습니다. 세상의 리더는 80퍼센트 이상 감성지능으로 만들어진다는 연구 결과도 발표했습니다. 자신의 감정뿐 아니라 타인의 감정을 인지하며 사용하는 능력이 뛰어난 사람이 결국 리더가 된다는 뜻입니다. 이처럼 감정을 알고 활용하는 능력은 무엇보다 중요합니다.

형제가 다툽니다. 형이 몰래 꿀밤을 때리자 억울한 동생은 형을 물어버립니다. 엄마가 그 모습을 봅니다. "형을 물면 안 되지! 어서 형한테 사과해!" 동생은 억울합니다. 형이 먼저 때렸는데 엄마는 그것도 모르고 나만 혼내다니! "형이…… 으허엉……! 형이 먼저…… 으앙!" 서러움이 복받쳐 올라 울어버립니다. "뭘 잘했다고 울어? 울지 말고 똑바로 말해!"

형을 깨문 아이의 행동이 잘한 것은 아닙니다. 훈육이 필요한 행동이고 바르게 감정을 표현하는 법을 배워야지요. 하지만 자신의 감정을 제대로 알아차리고 표현하는 것이 반드시 선행되어야 합니다. 행동에는 옳고 그름이 있지만 감정에는 옳고 그름이 없습니다.

형을 깨문 것은 잘못이지만 형 때문에 억울하고 서러운 감정은 잘못이 아닙니다. 감정을 건강하게 표현하고 해소할 수 있는 사람은 감정을 쌓아두지 않습니다. 그러니 조절에 실패해 이상한 데서 폭발한다거나 아예 무감각하게 살지 않습니다. 감정이 잘 계발된 아이들은 타인의 감정도 잘 인지하기에 사회생활도 원만합니다. 자신의 감정을 조절함으로써 스스로 원하는 것도 명확해지니 당연히 행복 수치도 올라갑니다. 그럼 부모는 어떻게 아이의 감정을 이해하고 공감 능력을 키울 수 있을까요?

아이의 공감 능력 키우기

제일 먼저 할 일은 아이의 감정을 포착하고 읽어주는 것입니다. 어른들이 흔히 하는 실수가 아이 마음속의 감정을 포착하지 못하고 눈에 보이는 행동에 초점을 맞추어 지적하는 것입니다. 형을 깨문 동생처럼 "물었다"라는 행동만 수정하려 하지, 아이의 전후 감정은 고려하지 않습니다. 그러면 아이는 더 격한 감정을 보일 수밖에 없고, 결국 어떤 말도 통하지 않을 수 있습니다.

나그네의 외투를 벗기는 것은 바람이 아니라 햇살입니다. 감정이라는 것은 파도처럼 덮치듯 다가오기 때문에, 아이가 자신의 감정을 정확히 진단하기는 쉽지 않습니다. 감정코칭의 대가 하임 기너트Heim G. Ginott 박사는 "아이들에게는 원초적인 불안감과 죄책감이 있다"라고 말합니다. '원초적인 불안감'은 부모가 자신을 버리면 어쩌나 하는 느낌입니다. 사람이 느끼는 가장 큰 고통이 배고픈 고통이고 두 번째가 버림받는 고통이라고 합니다. 아이들은 버려질지도 모른다는 두려움을 갖고 있다는 말입니다. 또한 아이는 기본적으로 자기가 뭔가 잘못한 듯한 죄책감을 갖고 있어서 어른이 화를 내거나 나쁜 일이 벌어지면 자기 때문이라고 생각합니다. 부모가 싸울 때 대부분의 자녀들은 자기 탓으로 느끼고 죄책감을 느낀다고 합니다. 그래서 기너트 박사는 아이의 감정을 읽어주려면 검사가 아닌 변호사가 되라고 조언합니다.

검사는 범죄자를 심문해서 잘못을 찾아내 벌을 내리지만, 변호사는 내 편이 되어 나를 옹호하는 사람입니다. 앞서 다툰 형제의 엄마는 검사였지요. "형을 물면 안 되지! 형한테 사과해!" 벌을 내립니다. 동생이 순순히 형에게 사과했을까요? 그 전에 아이의 감정을 읽어주는 과정이 필요합니다. "○○이가 형을 깨물다니, 뭔가 화나는 일이 있었구나? 엄마가 ○○이를 이해하고 싶은데, 왜 그랬는지 말해줄래?" 앞서 말했듯 공감은 지지나 동조의 의미가 아닙니다. 아이의 행동은 수정해야 하지만 감정은 공감해줄 수 있습니다.

다음으로는 아이가 느끼는 감정이 무엇인지 스스로 깨닫게 해줍니다. 강점을 막연히 느끼는 것과 이름 붙이고 알아차리는 것은 완전히 다르듯, 감정도 마찬가지입니다. 우리는 하루 종일 여러 감정을 느끼지만 정확히 어떤 감정인지 표현하거나 설명하지 못합니다. 대개 "짜증나" "피곤해" "싫어" 또는 "좋아" "기쁘네" 등으로 뭉뚱그려 표현합니다.

하지만 짜증에도 억울, 불안, 질투, 좌절 등 여러 감정이 있을 수 있습니다. 기쁨에도 행복, 감사, 희열, 환희 등 다양한 감정일 수 있습니다. 이런 감정에 이름을 정확히 붙이면 '아, 이런 감정이 억울함이구나' '이게 행복이네' 하고 명확히 깨달을 수 있습니다. 감정에 이름을 붙여서 명확하게 알게 되면 비슷한 상황이 생겼을 때 자신의 감정 상태를 명료하게 인지하게 되므로 지혜롭게 대응할 수 있습니다.

하지만 어른도 하기 힘든 이 작업이 아이에게 쉬울 리 없지요. 저도 코칭을 배우고서야 감정을 표현하는 단어가 정말 많다는 것을 알게 되었습니다. 우리의 감정은 오색찬란한 빛깔입니다. 그 다채로움을 짜증나, 좋아, 두 가지로밖에 표현할 수 없다면 삶이 얼마나 칙칙하고 무미건조할까요?

아이에게 감정을 표현하는 여러 단어를 알려주세요. 다음의 감정 단어 표를 보여주셔도 좋고 감정표현을 위한 학생용 책이나 감정 카드 같은 도구도 많습니다. 언어는 세계관을 반영합니다. 단어를 아는 것은 그저 사전적인 의미를 아는 데서 그치지 않습니다. 단어 속의 세상을 확장시키는 행위이지요. 내 감정을 인지하고 이름을 붙여보는 것은 아이의 세상을 넓혀주는 방법입니다.

감정 단어 표

화나는	열받은	격분한	긴장되는	떨리는
난처한	난감한	곤혹스러운	안심되는	마음 놓이는
끌리는	흥미로운	궁금한	속상한	마음 아픈
겁나는	무서운	두려운	흐뭇한	만족스러운
심심한	지루한	따분한	창피한	부끄러운
무안한	민망한	멋쩍은	억울한	분한
놀란	오싹한	섬뜩한	슬픈	서글픈
후회스러운	아쉬운	안타까운	서운한	섭섭한
짜릿한	신나는	재미있는	귀찮은	성가신
행복한	기쁜	즐거운	막막한	암담한
허전한	공허한	허탈한	서먹한	어색한
지친	피곤한	힘든	느긋한	여유로운
가슴 뭉클한	감동한	불안한	쓸쓸한	외로운
답답한	갑갑한	짜증나는	우울한	울적한
상쾌한	개운한	혼란스러운	뿌듯한	자랑스러운
불편한	거북한	괴로운	좌절감이 드는	절망스러운
감사한	고마운	긴장이 풀리는	질린	지겨운
걱정스러운	근심스러운	부담스러운	비참한	참담한
용기 나는	기운 나는	든든한	후련한	통쾌한
신경 쓰이는	꺼림칙한	희망을 느끼는	홀가분한	편안한
실망한	낙담한	반가운	평화로운	평온한
정겨운	다정한	무기력한	따뜻한	푸근한
기대되는	경이로운	황홀한	생기가 도는	활기 넘치는
사랑스러운	그리운	흥분되는	자신하는	감사한

세 번째, 바람직한 행동으로 이끌어주세요. 형을 깨문 동생의 감정이 이해될지라도 그 행동은 옳지 않습니다. 계속 그런다면 형한테 맞거나 다른 친구들과도 문제가 생길 수 있어요. 결국 아이에게 좋지 못하기 때문에 행동은 꼭 교정해주어야 합니다.

감정을 알아차리게 하고 충분히 공감해준 후 성숙하게 감정을 표현하고 대응할 수 있게 도와주세요. 이때는 코칭 식으로 접근해야 합니다. "이렇게 해야지"라고 부모가 지시하기보다 "어떻게 하면 좋을까?" 하고 스스로 생각하도록 질문합니다. 훈계하거나 답을 제시하지 않고 바람직한 행동을 하려면 어떻게 해야 좋을지 아이에게 묻는 것입니다.

아이는 이런저런 생각을 할 수도 있고, 아무것도 떠올리지 못할 수 있으며, 알고 있던 한 가지 방법 외에 다른 건 생각하지 못할 수도 있습니다. 이럴 때는 먼저 제안해도 됩니다. "엄마는 ○○이가 화났을 때 이렇게 하면 좋겠는데 ○○이 생각은 어때?"

대부분의 아이들은 이전 단계에서 자신의 감정을 제대로 알고 충분히 공감받으면 안전하고 편안한 마음으로 자신에게 맞는 답을 지혜롭게 찾아갑니다. 아이라 할지라도 한 사람에 관한 최고의 전문가는 자기 자신입니다. 충분히 감정이 해소되었고, 안전감을 느끼면 아이는 자신에게 맞는 방법을 찾아냅니다. 부모는 "정말 좋은 방법이구나!" 하며 인정하고 지지해주면 되지요.

〈퍼펙트 베이비〉라는 다큐멘터리는 아이들에게 공감 능력이 중요한 이유를 보여줍니다. 캐나다 토론토의 초등학교 수업 시간에 돌이 지나지 않은 아기를 데려와 학생들에게 아기의 기분을 맞혀 보라고 했습니다. 남의 기분을 생각해봄으로써 공감 능력을 향상시키기 위해서였는데, 이 수업을 받은 아이들은 그렇지 않은 아이들보다 학업 능력은 높고 공격성은 낮게 나타났습니다.

이 프로그램을 제작한 EBS 김민태 PD는 "공감 능력이 높아지면 아이 스스로 감정을 조절할 수 있어 학습에 적합한 심리상태가 된다"고 말합니다. 즉 공감 능력이 발달한 아이는 스스로 감정을 조절하는 것을 넘어 집중력, 도덕성까지 키울 수 있습니다.

유아기는 인생에서 가장 중요한 뼈대를 이루는 시기입니다. 새로운 감정을 배우고 알아가는 시기이기도 합니다. 이때 자신의 감정이 받아들여지고 공감받은 경험이 많다면 성품 좋고 감수성 풍부한 사람으로 자랄 수 있습니다. 기억하세요. 타인의 심장을 움직이는 사람이 미래의 주인공이 됩니다.

엄마가 아이들에게 어릴 적부터 심어주는 자신감, 정체성, 안정감이 그 아이가 앞으로 성공할 수 있는 내면의 힘을 길러준다. _박유현, 《DQ 디지털 지능》

3

나는 내 아이를 얼마나 알고 있을까?

아이를 잘 안다는 착각

'발묘조장拔錨助長'이라는 사자성어가 있습니다. 조장이라는 말이 여기서 유래되었다고 합니다. 한자로는 도울 조助, 클 장長, 즉 "크도록 돕는다"는 좋은 뜻 같은데 "어떤 사태를 조장했다"는 식의 부정적인 의미로 많이 사용됩니다. 말의 어원을 보면 그 이유를 알 수 있습니다.

중국 송나라에 어리석은 농부가 있었다. 모내기를 한 이후 벼가 어느 정도 자랐는지 궁금해서 논에 가보니 다른 사람의 벼보다 덜 자란 것 같았다. 고민하던 농부가 벼의 순을 잡아 빼보니 약간 더 자란 것 같았다. 그래서 일일이 벼를 조금씩 땅에서 당겨 올려주었다. 저녁에 농부는 집에 와서 하루 종일 그 일을 하느라 너무 힘들었다고 얘기했다. 기겁을 한 식구가 이튿날 논에 가보니 벼는 이미 누렇게 말라 죽었더란다. 이것이 바로 발묘조장, 줄여서 조장이라는 말의 유래다.

농부의 의도는 벼를 잘 자라게 하는 것이었다. 절대 나쁜 의도가 아니었다. 농부 본인도 힘들었으나 결과는 벼를 모두 죽이는 일이 되고 말았다. 자식을 키우는 데에 흔히 보이는 실수이다. 세상에 어떤 일이든 억지로 되는 일은 없다. 더구나 자식 관련 일은 더욱 그렇다. 자식을 키울 때 자식의 능력이나 상황을 무시하고 오로지 내가 원하는 방향으로 키운다고 해서 그렇게 되지도 않을뿐더러, 내가 원하는 대로 자식이 자란다고 해도 그것이 꼭 좋은 상황을 보장하지는 않는다.

_ 고현숙, 《티칭하지 말고 코칭하라》 중에서

부모는 누구보다 아이를 사랑하고 잘 안다고 생각합니다. 그러니 아이를 잘 자라게 '조장'해주려 합니다. 농부도 벼를 잘 안다고 생각해 벼의 순을 잡아당기면 잘 자랄 거라고 믿었던 것이지요. 그래서 온종일 열심히 벼를 잡아당겼습니다. 농부도 얼마나 힘들었을까요. 그런데 벼를 모두 말라 죽게 했습니다.

병원에서 "정말요? ○○이가 그럴 줄 몰랐어요"라는 말을 많이 듣습니다. 학교 선생님과 상담해도 집에서의 모습과 학교에서의 모습이 다르다는 이야기도 종종 듣지요. 그런데 우리는 왜 아이를 다 안다고 생각할까요? 내가 낳았다고 해서 아이를 완전히 다 알 수 있을까요?

호기심을 갖고 아이를 바라보기

아이를 키우는 부모라면 공감할 수밖에 없습니다. 부부의 조합으로 나온 아이들이지만 참으로 다르다는 사실 말이지요. 첫째도, 둘째도, 셋째도, 누구도 같은 아이는 없습니다. 그렇기에 부모는 아이를 완전히 알고 이해하지 못합니다. 남녀노소를 막론하고 사람은 누구나 온전하며holistic, 해답을 내부에 가지고 있고resourceful, 창의적인creative 존재입니다. 아이에게, 벼 안에 답이 있는데 부모가 외부에서 좌지우지하면 그 아이가, 그 벼가 제대로 자랄 수 있을까요?

그럼 아이를 어떻게 키워야 할까요?

'줄탁동시'란 병아리가 부화할 때 알에서 깨어나려고 안에서 쪼아대는 줄啐과 어미 닭이 그 신호를 알아차려서 바깥에서 부리로 알껍데기를 쪼아주는 탁啄이 동시에 일어나야 병아리가 제대로 태어날 수 있다는 뜻의 사자성어이다. 안에서 병아리는 쪼는 것으로 신호를 주고, 그 신호를 본 어미가 밖에서 같이 쪼아주었을 때 온전한 생명이 탄생할 수 있다. 이 사자성어에서 아이를 키우는 것에 대한 지혜를 얻을 수 있지 않을까. _고현숙, 《티칭하지 말고 코칭하라》 중에서

동시에 진행되는 줄과 탁, 내 아이를 바라보고 그가 보내는 신호를 알아채고, 함께 찾아가는 일. 그래서 온전한 사회구성원으로서 바로 서도록 도와주는 일. 여기까지가 부모의 역할입니다. '줄탁동시'를 하려면 안에서 쪼아대는 신호를 알아차려야 합니다. 아이를 섬세히 관찰하고 타이밍도 잘 맞추어야 합니다.

평소 아이의 말이나 행동에 주의를 기울여 관찰하지 않으면서 막연히 추측하거나 멋대로 판단하지는 않나요? 부모가 판단자가 되어버리면 더 이상 아이에 대해 알 수 없습니다. "○○이는 이래"라는 말 속에 아이는 갇혀버립니다. 그 판단을 강화하기 위한 신호만 중요하게 다가올 뿐 아이가 보내는 다른 신호는 무시합니다. 판단을 내려놓고 호기심을 품고 바라보면 이제껏 못 봤던 아이의 다른 면이 보입니다.

관찰하고 물어보고 듣기

요즘 아이가 있는 집들은 게임과 전쟁 중입니다. 막으려는 부모와 어떻게든 하려는 아이 사이에 팽팽한 긴장이 가득합니다. 부모가 핸드폰이나 컴퓨터에 원격 제어장치를 깔면, 뛰는 부모 위에 나는 아이들은 그걸 푸는 방법을 공유합니다.

우성이 부모님도 자녀의 게임 중독이 심각하다고 걱정합니다. 친구가 제어장치를 풀어준 바람에 밤늦게 일어나 부모 몰래 밤새도록 게임을 했다네요. 부모의 말에 따르면 게임 중독 상담 치료가 필요할 만큼 심각한 상황 같습니다. 하지만 부모가 섣불리 아이를 문제아로 판단하지 않았나 하는 우려가 들어 여러 가지를 물었습니다. 우성이가 어떤 게임을 하는지, 부모는 그 게임을 아는지, 아이가 주로 게임하는 시간은 언제인지. 부모는 어떤 방법으로 제어하는지, 그 제어가 아이에게 어떤 영향을 미쳤는지, 게임 몰입은 언제부터 심해졌는지, 아이의 강점과 기질적 특성은 무엇인지…….

우성이 부모님은 한참 생각했지만, 대답할 수 있는 항목이 많지 않다는 사실을 알아차렸습니다. 무작정 금지하기만 했을 뿐, 아이가 어떤 게임을 좋아하는지, 그것이 무해한지 유해한지도 몰랐습니다. 예전에는 정해진 시간에 했던 것 같은데 시간이 자꾸 늘어나서 불안한 마음에 게임을 중단시켰더니, 새벽에 일어나서 몰래 하는 것 같아 문제라는 생각만 했다고요. 먹는 것도 자는 것도 좋아하는 아이가 한밤중에 눈 비비며 일어나는 그 마음을 들여다보지 못했다며 아이에게 미안하다고요. 조금 전만 해도 '큰일이다! 게임 중독을 당장 고치지 않으면 애가 잘못되겠다'라고만 생각했는데, 코칭형 질문을 받자 다른 각도로 아이를 바라본 것입니다.

사람은 자율성을 침해당할 때 맹렬히 반발하는 동물입니다. 아이든 어른이든 마찬가지입니다. 막 숙제를 시작하려는데 하필 그때 엄마가 숙제하라고 하면 거짓말처럼 하기 싫어졌던 경험이 누구에게나 있을 것입니다. 아이들도 게임을 너무 오랜 시간 하면 안 된다는 것을 잘 알지만, 하지 말라고 하면 더 하고 싶습니다. 그리고 요즘 세상은 디지털 기반이 되지 않으면 돌아가지 않기 때문에 무작정 빼앗기만 할 수도 없습니다.

요즘 아이들을 '디지털 네이티브' 세대라고 합니다. 태어날 때부터 디지털 기기에 익숙했고, 유튜브 등을 검색하는 일이 너무나 자연스러우며, 코로나 팬데믹을 계기로 온라인 수업에도 쉽게 노출된 세대이지요. 이처럼 유치원 이전부터 디지털로 들어간 아이들에게 이 세상을 완전히 차단하기란 불가능합니다. 부모가 쫓아다니면서 제재하는 데도 한계가 있습니다. 부모가 뛰면 아이는 그 위를 날아갑니다. 결국 아이 스스로 조절하고 절제해야 합니다.

부모는 아이가 그 방법을 찾아내도록 옆에서 도와주어야 합니다. 그러려면 아이가 어떤 게임을 좋아하며 언제 어떻게 하는지 먼저 알아야지요. 그래야 아이와 함께 조절 방법을 찾을 수 있습니다.

몰입해서 드라마를 보고 있는데 누가 텔레비전을 끄면 "아이고, 안 그래도 그만봐야 하는데 꺼줘서 고맙습니다"가 되나요? 그럴수록 더 보고 싶고 막을수록 더 하고 싶은 게 인지상정입니다. "관심을 갖다"의 영어 표현 "Pay attention"에는 'pay(지불하다)'라는 단어가 쓰입니다. 관심은 지불해야 합니다. 노력이 들어야 하지요. 육아에는 반드시 지불 과정이 있어야 합니다. 아이를 판단하고 내 방식대로 끌고 가는 것이 아니라, 아이에게 집중하고 관찰하고 물어보고 듣는 관심을 지불해야 바르게 키울 수 있습니다.

우성이의 강점은 '전략'이었습니다. 게임은 해야겠는데 부모님이 싫어하니, 잠을 줄여서 몰래 해야겠다는 나름의 '전략'을 세운 것이지요. 우성이가 좋아하는 게임도 공략을 세워서 함께 문제를 해결해가는, 어찌 보면 전략적 사고에 도움이 되는 내용이었습니다. 아이의 마음에 공감하고, 아이가 어떤 게임을 좋아하고 무엇에 흥미를 느끼는지 이해한 부모님은 우성이와 대화를 시작했습니다. 충분히 공감받고 게임하는 자신을 나쁜 아이라고 생각하지 않게 되자, 우성이는 어떻게 하면 게임 시간을 줄일 수 있는지 고민하기 시작했습니다. 아빠의 게임 전략도 궁금했던 우성이는 먼저 해야 할 일을 마치고 저녁 식사 후 가족과 함께 게임하는 방법을 찾았냈습니다.

게임은 디지털의 특성상 중독의 위험이 있기 때문에 하루아침에 기적처럼 모든 것이 해결되지는 않습니다. 다만 사랑스러운 아이를 문제아로만 여기지 말고, 호기심을 품고 관찰해보세요. 백해무익해 보이는 게임에서조차 아이의 강점을 찾을 수 있습니다.

사람은 누구나 내면에 답을 가지고 있습니다. 그 답을 스스로 찾고 실행할 때 놀라운 성장을 이룰 수 있지요. 부모는 아이 옆에서 코치가 되어 아이가 보내는 신호를 알아채고 같이 '탁' 쪼아주면 됩니다. 통째로 깨뜨려주는 것이 아니고요.

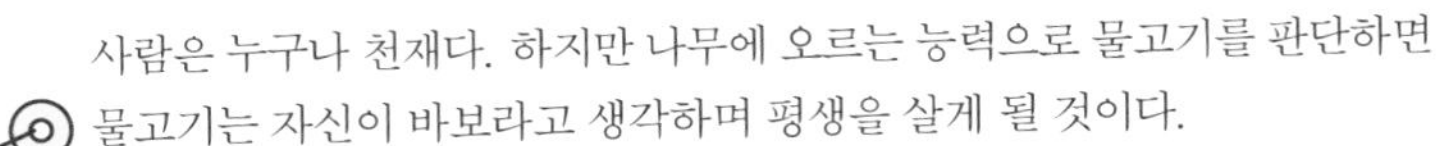

사람은 누구나 천재다. 하지만 나무에 오르는 능력으로 물고기를 판단하면 물고기는 자신이 바보라고 생각하며 평생을 살게 될 것이다.

_앨버트 아인슈타인

4

긍정적인 마음으로 아이를 대하기

긍정적 마음 자세의 중요성

대학생인 준모는 자신감 없고 확신 있게 행동하지 못하는 것이 걱정이라고 털어놓습니다. 늘 생각이 많고 이것저것 고민하느라 우유부단한 자신이 답답하다고요. 졸업을 앞두고 취업할지 대학원에 진학해서 더 공부할지 판단이 서지 않는답니다. 다른 사람들의 선택은 모두 좋아 보이는데 왜 나는 이렇게 갈팡질팡하는지 고민이라고 했습니다.

긍정적인 마음 자세는 다 잘될 거라는 낙천성과는 다릅니다. 그저 가만히 있으면 모든 일이 잘 굴러가는 세상은 없습니다. 긍정적인 마음은 모든 상황에는 좋은 점과 나쁜 점이 있다는 사실을 인지하는 중립적인 자세라고 볼 수 있습니다. 모든 것에는 양면성이 존재합니다. 좋기만 한 것도 없고 나쁘기만 한 것도 없습니다. 긍정적인 마음 자세는 이 양면을 다 이해하고 바라보며 거기서 내가 할 수 있는 것, 나아갈 수 있는 방향을 정하는 것이 바탕이 됩니다.

오랫동안 글로벌 기업에서 채용 면접을 실시한 인사전문가가 이런 말을 했지요. "지원자들의 눈빛과 걸음걸이, 목소리만 들어도 회사에 붙을지 떨어질지 알 수 있어요." 저도 수련의들의 면접을 볼 때 호감이 가고 같이 일하고 싶은 인재는 긍정적인 기운을 뿜어내는 사람이었습니다. '내가 제일 잘났고 나는 뭐든지 잘한다'가 긍정적인 기운이 아닙니다. 자신의 강점과 약점을 잘 파악하는 것, 어려움이 있어도 잠재력과 힘을 믿고 잘할 수 있다고 자신을 믿는 것입니다.

노스캐롤라이나 대학교의 심리학자 바바라 프레드릭슨Babara L. Fredrickson 박사는 긍정적인 기분은 생각과 행동 범위를 넓히지만 부정적인 생각은 개인의 사고를 제한하는 역효과를 낳는다고 했습니다. 프레드릭슨은 104명의 대학생들을 두 조로 나눠 각각 긍정적 혹은 부정적이거나 중립적인 기분을 불러일으키는 영화를 보여주었습니다. 영화 감상을 마치고 난 뒤 두 개의 이미지를 보여주며

둘 중에 더 보편적인 이미지를 고르게 했습니다. 긍정적인 기분을 느낀 학생들은 이미지의 전체적인 특징에 신경 쓰는 반면, 부정적인 기분을 느낀 학생들은 좁은 시각으로 이미지의 부분적인 세부 사항에 집착해 결정하는 모습을 보였습니다.

열세 살에 주의력 결핍인 학습장애아로 낙인찍히고 고등학교 시절 전 과목 F를 받아 성적 미달로 중퇴해야 했지만, 결국 인생 역전 스토리를 써내려간 한 남자가 있습니다. 《평균의 종말》의 저자이자 하버드 대학교 교육학 교수인 토드 로즈Todd Rose입니다. 그의 부모는 역경 속에서도 늘 '어떻게 세상을 대하는 아이로 키워야 할지' 고민했고, 아들 스스로 해답을 찾아가도록 도와주었습니다. 시골 마을에서 자란 토드는 주의력결핍과잉행동장애라 불리는 ADHD 진단을 받았고 공부는 늘 꼴찌였으며 종종 친구들의 괴롭힘으로 상처를 입었습니다. 그럴 때마다 부모는 상처받고 돌아온 아이를 꼭 안아주었습니다.

토드의 부모는 아들이 큰 가능성을 가지고 있는 존재라는 믿음을 잃지 않았습니다. '아무리 큰 가능성을 가지고 있더라도 스스로 하지 않으면 성장할 수 없다'는 확고한 교육관도 가지고 있었습니다. 그래서 토드가 '자신을 사랑하는 사람'이 되어 역경을 이겨내는 힘을 키울 수 있도록 곁에서 도왔습니다. 결국 토드 로즈는 어린 시절의 어려움을 극복했고, 그 고통의 경험을 배움의 자양분으로 삼아 전 세계 수많은 학생들을 돕고 있습니다.

성장형 사고방식 vs. 고정형 사고방식

마이크로소프트 CEO인 사티아 나델라Satya Nadella는 2016년 한 인터뷰에서 이렇게 말했습니다. "뭐든지 배우려는 사람learn-it-all은 타고난 능력은 부족할지 모르지만, 결국에는 뭐든지 아는 체하는 사람know-it-all을 능가한다." "오늘날에는 무엇을 알고 있는지가 아니라 무엇을 배우는지가 중요합니다"라는 교육 칼럼리스트인 알렉스 비어드Alex Beard의 말처럼 다가올 미래는 계속 배우고 성장하려고 하는 사람이 성공하는 시대입니다.

1950년 이전에는 의학계의 지식이 2배로 늘어나는 데 약 50년이 걸렸지만 1980년대에는 7년으로 줄었고, 2010년대에는 6개월로 급감했지요. 하룻밤 새 이미 알고 있는 것보다 더 많은 새로운 것이 쏟아져 나오는 시대입니다. 구글 같은 기업들은 대학 학위나 성적이 아닌 고유의 평가체계로 직원을 채용합니다.

구글의 전 CEO였던 에릭 슈미트Eric Emerson Schmidt에 따르면 구글은 주로 '배움의 자세를 갖춘 사람들'을 찾는다고 합니다. 앞선 사티아 나델라의 말과 일맥상통합니다. 어떤 사람이 '뭐든지 배우려는 사람'일까요? 스탠퍼드 대학교 심리학자 캐롤 드웩Carol Dweck 교수는 사고방식에 달려 있다고 말합니다. '성장형' 사고방식을 가진 사람만이 배우려고 한다는 것입니다.

인류학자 프랜시스 골턴Francis Galton은 사람의 능력은 선천적이고 바뀌지 않는다고 생각했습니다. 그래서 평균을 넘는 사람은 우월층Eminent, 못 미치는 사람은 저능층Imbecile이라 칭하며 계층화했습니다. 우월층, 저능층은 매우 거부감이 드는 단어이지만 실제로 사람들은 이런 생각을 하고 있습니다. IQ 테스트를 포함한 여러 지능 검사들이 골턴의 주장에 기반합니다. 이처럼 사람은 변하지 않으며 더 똑똑해지기 위해 할 수 있는 일은 없다는 생각이 고정형 사고방식입니다.

반면 성장형 사고방식은 사람은 바뀔 수 있는 존재이며 노력과 연습으로 더 똑똑해질 수 있다고 믿습니다. 이 두 사고방식은 근본적으로 다른 정신세계를 형성하며 개인의 인생 자체에 영향을 끼칩니다. 고정형 사고방식과 성장형 사고방식의 사례를 살펴보고, 나는 어느 쪽에 더 가까운지 생각해보세요.

고정형 사고방식

"난 운동을 못해."
"난 멍청해."
"난 완벽해."
"난 머리가 좋아."
"난 성질이 급해."

성장형 사고방식

"난 다른 활동에 비해 운동을 배우는 데 시간이 좀 걸려."
"난 아직 이 일을 배우지 못했어."
"난 더 잘하려고 노력하고 있어."
"난 노력하면 그만한 결과를 얻는구나."
"내 급한 성질을 다스리기 위해 명상을 배우고 있어."

드웩 교수는 2007년 수학 성적이 떨어진 중학교 1학년 학생 91명을 데리고 8번에 걸친 워크샵을 엽니다. 전체 학생 중 절반은 수학 공부하는 법을 배우고, 나머지 반은 공부법뿐 아니라 뇌의 특성에 대해서도 배웁니다.

"뇌는 고정되지 않았다. 두뇌는 연습으로 단련하는 근육과 같아서 열심히 노력하면 더 똑똑해진다. 너희가 과거에 습득한 기술이나 노력을 생각해봐. 그 능력을 익히는 데 연습이 얼마나 중요했는지 생각해봐. 그 무엇도 단기간에 익힐 수 없으니 절대 포기하지 마."

뇌는 고정되어 있지 않고 계속 성장한다는 뇌의 가소성을 설명했습니다. 결과는 놀라웠습니다. 수학 공부법만 배운 아이들에게는 유의미한 성적 변화가 없었지만 성장형 교육을 같이 받은 아이들 중 절반은 수학 점수가 올랐습니다. 뇌의 가소성을 배운 학생들은 자신이 성장하고 배울 수 있다고 믿었고, 그 결과 공부법만 배운 학생들보다 성적이 향상되었습니다.

강점 역시 타고나서 바뀌지 않는 것으로 생각하기 쉽습니다. 어린아이들에게 강점진단을 선불리 권하지 않는 이유도, 강점이 꼬리표로 작용되어 아이의 잠재력을 제한할 수 있기 때문입니다. 물론 강점은 기질처럼 타고나는 면이 있지만, 동시에 노력과 투자를 통해 더욱 강화하고 발굴할 수도 있습니다. 그래서 성장형 사고방식을 가진 부모와 자녀라면 강점의 잠재력을 이끌어내고 잘 활용할 가능성이 매우 큽니다.

10대를 대상으로 조사한 결과, 성장형 사고방식을 지닌 10대는 고정형 사고방식을 지닌 10대에 비해 강점에 초점을 맞춘 부모의 말을 더 잘 받아들이고, 자신의 강점을 더 잘 활용한다고 합니다. 고정형 사고방식을 지니면 강점에 대해 말해줘도 마음속에서 무의식적으로 그 소리를 줄이기 때문에 메시지가 제대로 전달되지 않습니다. 성장형 사고방식을 지녀야 강점도 더 깊고 넓게 받아들여 자신의 무기로 활용이 가능합니다.

부모는 가장 좋은 본보기

"아이는 부모의 뒷모습을 보고 자란다"는 말이 있습니다. 그 뒷모습에는 실패와 좌절의 순간 부모가 어떻게 대응하는지도 포함되어 있습니다. 살면서 부모가 도전하는 모습과 그에 임하는 자세를 보며, 자녀는 세상을 어떻게 대해야 하는지 배웁니다. 아이의 말을 듣다가 깜짝 놀랄 때가 있습니다. 아이가 평소 제 말투와 내용을 그대로 사용하기 때문입니다. 태어난 아기가 생존을 위해 제일 먼저 하는 행동은 부모의 모습을 따라 하는 것으로, 이를 '모델링modeling'이라고 합니다.

행동뿐 아니라 생각도 마찬가지입니다. 부모가 고정형 사고방식을 보인다면 아이도 그럴 가능성이 큽니다. 실패를 대하는 부모의 반응에 따라, 자녀가 지능에 대해 고정형 사고방식을 보일지 성장형 사고방식을 보일지 영향을 끼친다는 연구결과도 있습니다. 자전거를 배우는 어린아이가 자꾸 넘어지고 잘 타지 못합니다. 그럴 때 아이는 자신의 반응보다 부모를 먼저 살핍니다. 부모가 지나치게 좌절하거나 고개를 절래절래 흔들면 그대로 모델링합니다. "나는 운동신경이 나빠서 자전거를 못 타는구나."

세상이 아이에게 보내는 모든 자극(그중에는 고난과 위험도 있겠지요)을 부모가 다 막아줄 수는 없습니다. 부모는 아이가 성인이 될 때까지 안전하게 자랄 수 있도록 지켜야 하지만, 성인이 되어 자신의 날개로 날아갈 수 있도록 날개를 펴게끔 도와주어야 합니다. 모든 자극과 반응 사이에는 차이gap가 있습니다. 그 차이 안에서 보여주는 부모의 모습에 따라 아이가 세상을 바라보는 사고방식은 극명하게 달라집니다.

아이와 함께 야구 중계를 보다가 무심코 평소처럼 "벌써 투 아웃이네"라고 말했습니다. 그러자 아이가 저를 물끄러미 보더니 이렇게 말합니다. "엄마는 안 좋은 상황을 먼저 생각하네." 번쩍 정신이 들었습니다. 많이 개선했다고 생각했는데도 늘 하던 사고방식으로 반응했던 것입니다.

우리나라는 격변의 시대를 보냈습니다. 일제 강점기를 지나 전쟁, 이후의 급성장, 그 사이에 일어난 사회의 변화와 불평등. 그런 상황에서 아이를 키웠던 부모들은 반사적으로 나쁜 상황을 먼저 생각해야 했을지 모릅니다. 제 부모님도 다르지 않았습니다. 예민한 기질인 저는 이런 양육 환경에서 항상 불안감이 높았고, 출산과 육아를 거치며 불안증은 더욱 극대화되었습니다. 오랜 시간 심리상담을 받았고 코칭을 배우고 익혀 지속적으로 노력하고 있습니다. 불안증은 나의 대에서 끊겠다고 말입니다.

긍정심리학의 대가 마틴 셀리그먼 박사는 사람은 어린 시절 부모에게서 낙관성 혹은 비관성을 배운다고 말합니다. 그리고 낙관성과 행복은 개선이 가능하다고 합니다. 정말 행복해서 행복한 것이 아니라 상황을 긍정적으로 보고 행복하려고 노력하면 습관처럼 행복해진다고 말입니다.

저는 불안증이 높지만 잘 배운다는 강력한 강점을 갖고 있습니다. 그래서 타고나지 못했고 어릴 때 습득하지 못했다면 지금이라도 배우기로 했습니다. 행복과 긍정의 습관을 말입니다. 물론 쉽지는 않습니다. 종종 불안이 올라오고 부정적인 생각이 먼저 떠오릅니다. 그렇지만 이제는 불안에 휘둘리지는 않습니다. 그 불안을 가족에게 강요하지도 않습니다.

교육학자 켄 로빈슨Ken Robinson은 이렇게 말합니다. "잘못하거나 실수해도 괜찮다는 마음이 없다면 신선하고 독창적인 것을 만들어 낼 수 없다." 살면서 실수나 역경은 종종 일어나겠지요. 하지만 이제는 이렇게 생각합니다. '내 삶의 스토리텔링이 생기려고 이런 일들이 생기는구나.' 모든 게 술술 쉽게만 풀리면 재미없잖아요.

아이는 이렇게 말합니다. "투 아웃이지만 지금 강타자가 나왔고, 투수도 흔들리니까 우린 할 수 있어. 그리고 오늘 지더라도 내일은 또 내일의 경기가 있다고요." 아이가 세상을 바라보는 렌즈에 불안보다는 성장과 기대가 있기를 바랍니다. 저는 아직도 성장하는 중입니다. 부모가 성장하는 모습을 보는 아이는 더욱 잘 자랄 것입니다.

자신을 더 사랑하기

앞에 소개한 준모와 강점코칭을 진행하면서 부정적 표현을 긍정적 표현으로 바꾸어 보았습니다. 우유부단은 신중으로, 확신 없는 면을 배려심 등으로 말입니다. 그러면서 과거의 성공 경험을 들어보니 준모는 타인의 잠재력을 잘 알아차리고 그들의 생각을 모으고 성장하는 데 탁월한 재능이 있었습니다. 생각이 많아서 여러 상황을 구체적으로 그리고 떠올리는 능력과 성찰하는 능력이 있다는 사실도 덤으로 알게 되었지요. 그 말을 되돌려주었습니다. "준모는 배려심도 깊고 리더십도 있는 멋진 사람이네요." 이 말을 들으니 어떤 생각이 드는지 물었습니다.

"자신을 더 사랑할 수 있어야 타인에게 사랑을 더 베풀 수 있는 것 같아요. 나를 더 긍정적으로 사랑해야겠다는 생각이 들어요. 이런 말을 들으니 뭔가 해낼 수 있는 힘도 생긴 것 같습니다."

준모 말대로 자신을 사랑할 수 있는 사람이 남을 사랑할 수 있습니다. 자신을 긍정해야 세상도 긍정적으로 바라볼 수 있지요. 준모의 갤럽 진단 강점은 화합, 개별화, 공정성이었습니다. 진단은 그저 거들 뿐, 전부터 준모는 자신의 강점을 이미 알고 있었습니다.

 이래라저래라 한 마디로 타인을 바꿀 능력이 인간에겐 없다. _윤홍균

5
아이의 가능성을 막는 부모의 말

아이에게도 체면이 있다

초등학교 저학년까지는 치과 공포증이 심한 편이지만, 고학년이 되면 어느 정도 공포를 조절할 수 있게 됩니다. 대개 진료실까지 들어오고 입을 벌리기까지는 하지요.

치과에 온 가연이는 열한 살입니다. 진료실로 호출했는데 가연이는 문밖에 서 있고 어머니만 들어옵니다. 그러고는 저를 보자마자 속사포로 하소연을 시작합니다. "얘가 이렇다니까요. 치과 문턱도 안 밟으려고 해요, 세상에! 이렇게 심해질 때까지 이야기를 안 하니까 제가 어떻게 알겠어요. 정말 무슨 저런 애가 다 있는지…….” 한참 후 가연이를 데려옵니다. 간신히 입안을 살펴보니 불과 얼마 전에 나온 영구치 어금니가 다 썩어서 내려앉아 있고 심한 구취가 진동했습니다. 가연이를 달래고 입안을 보는 동안에도 어머니의 하소연은 계속되었습니다. 가연이는 자신이 이상하다는 어머니의 말 폭탄을 들으며 치과의 공포심을 온전히 느끼고 있었습니다. 치아가 이 정도로 상할 때까지 아이는 왜 엄마에게 말할 수 없었을까요?

체면이란 남을 대할 때 자신의 입장에서 이 정도는 지켜야 한다고 생각하는 모양새를 말합니다. 사람은 완벽하지 않기에 남에게 피해를 주거나 이기적으로 행동하기도 합니다. 하지만 ‘여기까지만’이라고 생각하는 선이 있습니다. 그 선 안에서 적당히 거짓말도 하고 약속도 어기지만 남에게 들키고 싶진 않지요.

쓰레기를 버리려고 휴지통을 찾다가 찾지 못해서 슬쩍 바닥에 버렸다고 가정해봅시다. 옳지 않다는 건 자신도 압니다. 그래서 몰래 슬쩍 버렸고, 작은 쓰레기이니 괜찮을 거라고 자기합리화도 해봅니다. 그런데 뒤에 오던 사람이 “아니, 이봐요! 쓰레기를 땅에 버리면 어떡해요? 생각이 있는 거야 없는 거야? 상습범 아냐?”라고 창피를 주면 ‘아, 내가 잘못했구나’ 하고 반성할까요? 얼굴이 벌게져 “흘린 줄 몰랐는데……” 하고 웅얼거리며 내게 창피를 준 그 사람이 원망스럽지 않을까요? 별것 아닌 일에 화내는 경우, 살펴보면 다른 사람 앞에서 무안을 당했다거나 체면이 깎인 경우가 많습니다. 누군가를 적으로 만드는 가장 좋은 방법은 무안을 주라는 말도 있을 만큼, 사람에게는 체면이 중요합니다. 그런데 아이에게는 어떻게 하고 있나요?

아이가 작다고 생각까지 작은 것은 아닙니다. 아이에게도 체면이 있습니다. 아이라도 처음 보는 치과의사 선생님에게 잘 보이고 싶습니다. 그러잖아도 치아 상태가 나빠서 부끄러운데 엄마까지 나를 이상한 아이라고 계속 말하고 있으니 용기가 나지 않습니다.

치부는 자기가 제일 잘 압니다. 아이도 마찬가지입니다. 남이 자신의 약점을 공격하면 마음의 상처를 받습니다. 어리고 여린 아이들은 더 하겠지요. '폼생폼사'라는 말이 있습니다. 폼에 살고 폼에 죽는다는 뜻입니다. 사람은 체면에 살고 체면에 죽습니다. 어른들도 그런데 한창 자아상을 형성해 가는 아이들에게 체면은 얼마나 중요하겠습니까?

부모가 아이의 체면을 고려하지 않고 끝까지 구석으로 몰아붙이는 행위는 정말 위험합니다. 어른은 상대를 탓하며 모면할 수 있지만, 자아상이 완성되지 않은 아이는 전부 자기 탓으로 생각할 수 있기 때문입니다. '나는 한심한 아이구나' '나는 잘하는 게 하나도 없구나' 등의 부정적인 자아상을 품게 됩니다. 이 시기에 부정적인 자아상을 갖는 것은 살아갈 자신감을 빼앗기는 것입니다. 성장 동력을 잃는 것입니다.

세상에서 가장 효과 없는 말, 잔소리

《재정의》의 저자 한근태 박사는 잔소리를 "옳은 얘기를 기분 나쁘게 하는 것"이라고 정의합니다. 부모가 잔소리하는 이유는 명확합니다. 아이를 위해서이지요. 부모라고 입 아프고 성질 나게 잔소리하고 싶겠습니까? '그래도 내가 책임져야지' 생각하니까 어쩔 수 없이 하겠지요.

그런데 잔소리가 효과 있던가요? 잔소리를 듣고 "예, 어머니. 지금부터 바꿔보겠습니다" 하는 아이가 있나요? 잔소리는 왜 효과가 없을까요? 백번 옳은 말인데도 말입니다. 이유는 '기분 나쁘게'에 있습니다. 아무리 옳은 말이라도 기분 나쁘면 전혀 와 닿지 않습니다. 엄마가 아무리 공부하라고 주문을 외워도 소용없지만 선생님을 좋아하면 그 과목을 열심히 공부하잖아요?

게다가 '잔소리'는 상대가 잘못되었다는 것을 전제로 합니다. '네가 지금 잘못하고 있으니 내가 올바르게 이끌어주겠어'가 바탕에 깔려 있지요. 자신을 문제아로 보는데 마음을 열 사람은 없습니다. 아이의 부정적인 행동에만 집중해서 교정하려 하면 부정적인 감정이 나옵니다. 이 감정은 아이에게도 좋지 않은 감정을 불러일으킵니다. 결국 아이는 귀를 막아버리고, 부모는 "너가 그럴 줄 알았다"며 더 몰아세우면서 문제아로 고착시켜버립니다. 악순환이 시작됩니다.

잔소리를 안 하려고 한다. 워낙 쓸모가 없어서 그렇다. 잔소리를 해서 무언가를 성취해본 적이 없다. 그럼 잔소리라는 게 뭔가. 내가 생각하는 잔소리는 범위가 넓다. 이래라저래라 하는 모든 소리가 잔소리다. 운동해라, 공부해라, 뭐든 하라 그러면 잔소리다. "아니, 의사인데 그런 말도 안 하려고 해요?"라고 따진다 해도 어쩔 수 없다. 의사 생활을 하면서 내가 깨달은 것 중 하나가 그거다. 사람들은 누가 하라는 대로 하지 않는다. 시간과 비용을 부담해서 병원을 찾아온 환자들도 의사가 이래라저래라 하는 말을 안 듣는다. 서운해서 하는 소리가 아니라 우리는 모두 그렇다. 나도 부모님이 하라는 대로 하지 않고, 스승님이 하라는 걸 지독하게 안 한다. 그분들 말씀이 틀려서도 아니고, 신뢰하지 않아서도 아니다. 인간은 원래 남이 이래라저래라 한다고 행동을 바꿀 수 없고, 이래라저래라 한 마디로 타인을 바꿀 능력이 인간에겐 없다. _윤홍균, 정신과 의사

잔소리 대신 잘한 점 보기

아이를 키우면 잔소리가 효과 없다는 사실을 알면서도 할 수밖에 없습니다. 지적할 거리가 한두 개가 아닙니다. 이대로 놔뒀다가는 아이가 잘못 클까 불안해서이기도 하고, 반사적으로 튀어나오기도 합니다. 그럴 때는 잠시 멈춰보세요.

전투에서도 자잘하고 반복적인 공격은 아군의 진만 뺄 뿐 별 효

과가 없습니다. 힘을 비축했다가 적절한 타이밍에 공격해야죠. 부모와 자녀 관계는 전투가 아니지만 아이는 밀당의 귀재이니 전략적으로 대응할 필요가 있습니다. 더구나 우리는 에너지로도 아이에게 한참 밀립니다. 잔소리가 하고 싶어 간질간질해도 효과적인 한 방을 위해 참아봅시다. 정말 중요한 이야기를 아이에게 힘 있게 전달하려면 사소한 행동에 대한 잔소리는 삼켜야 합니다.

치과에서 아이가 울 때 나도 큰 소리로 계속 이야기하면, 울음소리에 묻혀 아무것도 안 들릴뿐더러 제 목소리가 아이를 자극해 더 심하게 울기도 합니다. 그럴 때는 잠시 멈추고 아무 말도 하지 않으면, 아이의 울음이 잦아듭니다. 아이들은 오히려 침묵에 반응을 보입니다.

잠시 멈추면 아이의 행동을 관찰할 수 있게 됩니다. 저는 유독 바닥에 떨어진 밥알을 밟는 게 싫습니다. 그래서 아이가 밥을 흘릴 때마다 짜증이 나서 잔소리를 하기 일쑤였지요. 그래도 아이는 여전히 밥을 흘리고 저는 여전히 밥알을 밟고, 짜증 내는 상황은 바뀌지 않았습니다. 어느 순간 입을 닫아보기로 했습니다. 잔소리해도 어차피 바뀌지 않으니 그냥 있어보려 했지요. 그랬더니 보이지 않던 모습이 보였습니다. 아이도 제 딴에는 밥을 흘리지 않으려고 다리를 오므리고 밥을 먹더라고요. 자기도 밥알을 흘리고 싶지 않은데 자꾸 흘리니 나름 다리로 받아보려는 방법을 생각했나 봅니다. 웃기기도 하고 짠하기도 했습니다. 노력하고 있던 아이의 모습이 입을 닫자 눈에 들어온 것입니다.

요즘 회사에서는 강점 기반 리더십이 매우 각광받고 있습니다. 갤럽에 따르면 강점을 잘 아는 사람들은 삶의 질이 3배나 높고, 일에 몰입할 가능성이 6배나 높다고 합니다. 그만큼 강점을 아는 것이 성과로 이어진다는 결과입니다.

왜 그럴까요? 앞서 잔소리가 효과 없는 이유는 옳은 말을 '기분 나쁘게' 하기 때문이라고 했습니다. 누구나 듣기 좋은 소리를 좋아합니다. 강점은 좋은 말입니다. 나의 좋은 점, 잘하는 점은 알아주는 것 자체가 의미 있습니다. 모든 사람은 강점과 약점을 가지고 있습니다. 못하는 것에 집중하지 않고 잘하고 좋아하는 것을 찾아서 많이 하면 누구든 발전합니다. 굳이 여러 연구를 가져오지 않아도 말입니다.

요즘은 아이에게 바라는 것이 너무 많습니다. 작은 아이들이 해야 할 일이 너무 많습니다. 아이들은 아직 자라는 중이고 각자 개성이 있어 잘하는 것도 못하는 것도 있는데, 못하는 것에만 집중하면서 닦달합니다. 이런 부정적인 피드백을 자꾸 받은 아이는 성장기에 형성해야 할 가장 중요한 것, 자아상이 손상됩니다. '나는 이것도 못하고 저것도 못하고, 잘하는 게 없어'라고 생각하게 됩니다.

잘한다 잘한다 해야 더 잘합니다. 못한다 못한다 하면 자존감이 낮아지고 자신감도 없어지며 분노하고 쉽게 좌절합니다. '나는 원래 못하는 사람이니까. 나는 해도 안 되니까' 이런 자아상이 심어지면 바꾸기가 굉장히 어렵습니다.

강점 찾기의 힘

민아는 ADHD에 난독증까지 있어 학교 수업을 따라가기 힘들었습니다. 교우 관계도 원만하지 않았습니다. 자주 자살 충동이 들었고 실제로 시도한 적도 있었습니다. 민아의 부모님은 자수성가한 분들이었고 언니도 똑똑했습니다. 민아는 가족 안에서 이방인이었습니다. 부모님도 민아도 서로를 이해하지 못했습니다.

코칭을 의뢰하면서 민아 어머니는 이렇게 말했습니다. "사람 사이에 필요한 행동요령이나 눈치가 없으니 그런 것들을 알려주시면 좋겠습니다." 첫날 민아가 제게 물었습니다. "존재 자체로 사랑받는 것이 가능한가요?" 그게 정말 가능한지 동그랗고 맑은 눈동자로 절박하게 물었습니다.

강점이 무엇인지 묻는 제 질문에 민아는 없다고 했습니다. 자기가 뭘 잘하는지도 모르겠다고요. "저는 다른 사람을 잘 인정해주는 것 같아요." 한참 고민하던 민아의 입에서 나온 말이었습니다. 어떤 점을 인정해주고 싶은지 물었습니다. 이전과는 달리 매우 빠르게 대답합니다. "코치님 질문이 생각을 하게 하면서도 따뜻했어요. 단어를 잘 사용하시는 것 같아요." 정말 놀랐습니다. 직관력이 뛰어난 듯하다고 생각했지만 코칭을 몰랐던 친구가 1회에 본질을 파악했으니까요. 민아와 함께 장점(강점)을 찾아보기로 했습니다. 혼자 생각하기 힘들면 가족들과 함께 찾아보자고도 했지요. 민아의 가족에게도 매일 하나씩 민아의 장점(강점)을 찾아봐 달라고, 찾을 때마다 제게 문자로 알려 달라고 했습니다.

한 달이 지나니 하나도 찾기 어려웠던 민아의 장점을 30개나 찾을 수 있었습니다. 그것을 타이핑해서 카드로 만들어 민아에게 돌려주었습니다. 자신에게 장점이 이렇게 많다는 걸 알게 된 민아는 매우 기뻐했습니다. 그렇게 자신의 무기를 장착한 민아가 세상을 대하는 태도가 달라진 것은 당연한 결과였지요.

문제점을 지적하고 고쳐주기보다 장점(강점)을 발견하고 격려하는 것이 아이의 학습은 물론 전반적인 발전에 훨씬 효과적입니다. 잘한다고 하면 더 잘하고 싶습니다. 좋은 사람이라고 하면 더 좋은 사람이 되고 싶어집니다. 이런 긍정적 사고의 힘은 우리의 생각보다 훨씬 더 강력하고 위대합니다.

만약 천사가 눈앞에 나타나 《토라》의 모든 것을 가르쳐준다 해도 나는 거절할 것이다. 배우는 과정은 결과보다 훨씬 중요하기 때문이다. _유대인 속담

6
강점 기반 칭찬

강점을 칭찬해주면 아이들은 춤을 춘다

《칭찬은 고래도 춤추게 한다》는 책 제목처럼 아이의 강점을 키우는 데 칭찬은 매우 중요한 도구입니다. 하지만 칭찬이라고 다 똑같지는 않습니다. 칭찬은 아이의 사고방식에 영향을 줄 수 있는데 잘못된 방식의 칭찬은 오히려 사고방식을 가둬버릴 수 있기 때문입니다.

성장형 사고방식을 처음 설명한 캐럴 드웩 박사는 칭찬에 대해

서 많은 연구를 했습니다. 아이들에게 쉬운 문제와 어려운 문제 중 무엇을 풀겠냐고 물었을 때, "열심히 공부했구나"라며 노력을 칭찬받은 아이들의 90%는 어려운 문제를 선택한 반면 "똑똑하구나"라고 칭찬받은 아이들은 대부분 쉬운 문제를 골랐습니다. 고정된 '지능'을 칭찬받은 아이들은 실수를 두려워해서 쉬운 문제를 선택했고 노력을 칭찬받은 아이들은 열심히 하는 과정을 보여주고 싶어 어려운 문제를 택했습니다.

마틴 셀리그먼 박사는 우울증 환자들의 심리 기저에는 '학습된 무기력'이 있다고 밝혔습니다. 바닥에 전기가 흐르는 공간에 개들을 넣어두면 처음에는 충격을 피해 이리저리 달아나지만 결국 어디로 가도 피할 수 없다는 걸 알게 됩니다. 이후 공간을 전기가 흐르는 곳과 흐르지 않는 곳으로 나누어 첫 번째 실험 대상 개와 함께 새로운 개들을 넣으면, 새로운 개들은 뛰어다니면서 충격이 없는 공간으로 이동한 반면, 이전 개들은 제자리에서 신음하며 충격을 견디려 했다고 합니다. 자신이 상황을 통제할 수 없었던 경험 때문에 새로운 시도를 포기한다는, 학습된 무기력이라는 개념입니다.

어떻게 저런 상황을 견디고 있는지, 걱정스러운 사람을 본 적 있나요? 자신을 괴롭히는 상대를 원망하면서도 계속 그에게 의존하는 경우도 있습니다. 이런 현상들에는 학습된 무기력이 자리 잡고 있습니다. 학습된 무기력은 불행한 일에서만 나타나는 것이 아니고 좋은 일을 통제할 수 없을 때도 나타난다고 합니다. 아이가 잘하든 못하든 무조건 칭찬만 한다고 가정해봅시다. 그러면 아이는 혼란스럽습니다. 칭찬받을 상황이 아닌데 칭찬받으면 자신이 결과를 통제할 수 없다고 생각하게 됩니다. 자기가 통제할 수 없는 영역인 타고난 지능 등을 칭찬받으면 자신이 뭔가를 할 수 있는 변수가 사라지고 이 역시 무기력을 부를 수 있습니다.

'가면증후군imposter syndrome'이라는 심리 장애가 있습니다. 나는 이렇게까지 성공할 사람이 아닌데 남들이 속아서 여기까지 왔다고, 언젠가는 들통날 거라고 두려워합니다. 저도 처음 이 병원에 왔을 때 그랬습니다. '나는 이 교수님들처럼 훌륭한 사람이 아닌데 언젠가 내 실력이 탄로 나고 말 거야'라는 막연한 불안감이 들었습니다. 실체가 없었기에 불안은 저를 더 갉아먹었고 성과를 내야 한다는 압박에 시달렸습니다. 효율성 있는 성과를 내지 못하면 열심히 살아봐야 무의미하다고까지 생각하게 되었습니다.

나라는 사람을 제3자의 입장에서 보면 충분히 훌륭하고 멋진데도 스스로는 내내 부족하다고 생각합니다. 이는 열심히 살게 하는 원동력이 되기도 하지만, 충만이나 성장이 아닌 불안에 기인하기에 힘들고 지칠 수밖에 없습니다. 내가 나를 인정할 수 없으니 인정과 지지를 외부에서 계속 찾습니다.

빨리빨리 답만 요구하는 세상

한 포털 사이트에서 중학생 아이를 키우는 엄마가 쓴 글을 보았습니다. 시키지 않아도 혼자 수학 선행을 쭉쭉 해나가는 기특한 아이였고 어느덧 알아서 고등학교 수학 과정까지 풀고 있었답니다. 엄마는 매일 밤 아이가 풀어놓은 문제집을 채점했는데 최근에 아이가 문제를 푼 것이 아니라 일 년 동안 답지를 베끼고 있었다는 사실을 알게 되었습니다. 아이 스스로 선행을 잘하고 있는 줄 알았는데 아니었던 거죠. 그 어머니는 심하게 당황했습니다. 한번도 강요하지 않았는데 대체 왜 그랬는지 모르겠다면서요.

아이는 잘하는 모습을 부모님에게 보여주고 싶었을 것입니다. 알아서 잘하는 자신을 보고 부모는 칭찬했을 테고, 채점에 동그라미를 치면서 흐뭇해하는 엄마를 보며 아이도 행복했을 것입니다. 그런데 갈수록 문제는 어려워지고 실력은 따라가지 못하니, 그러지 말아야 하는 것을 알면서도 답지를 베끼게 된 것이었습니다.

칭찬은 좋은 것입니다. 그러나 모든 것은 양면을 갖고 있습니다. 잘못된 방식의 칭찬은 아이의 동기를 왜곡시킬수 있습니다. 사람들은 보통 성적, 합격, 직장, 연봉 등의 '결과'를 성공의 척도로 여깁니다. 그 '결과'만 얻으면 자신감 있고 멋지게 살 수 있다고 생각합니다. 정말 그럴까요? 우리는 어린 시절보다 지금 많은 것을 이루고 얻었지만, 그때보다 자신감 있고 행복한가요?

메타인지 연구자이자 심리학박사인 리사 손 교수는 자신감은 결과 그 자체가 아니라 그 결과를 이루어내는 '과정'을 통해 생긴다고 말합니다. 성공에 자신감이 이어지려면 그러한 성공을 만들어내기까지 기울인 노력의 과정을 칭찬하고 용기를 북돋아주어야 한다는 뜻입니다. 앞선 아이의 경우, 선행과 그 결과보다는 "매일 혼자서 문제집을 풀다니 정말 대단해!" 하고 성실함을 먼저 칭찬했다면 어땠을까요? 그러면서 "혹시 힘든 건 없니? 엄마가 도와줄 것은 없을까?" 하면서 아이가 어려움을 이야기할 수 있도록 마음을 열어줄 수 있지요.

문제집을 많이 푸는 것은 중요한 일이 아닙니다. 선행 학습이 아이를 성장하게 하지 않습니다. 틀릴 것이 두려워 아예 위험을 감수하지 않는 태도는 큰 문제입니다. 부모가 계속 진도나 선행 같은 결과에만 집중한다면 아이들의 이런 잘못된 행동은 더욱 강화될 뿐입니다. 세상을 사는 일에 정답은 없습니다. 앞으로 우리 아이들이 살아갈 세상은 더욱 그럴 것입니다.

정답만을 향해 안전한 길로만 달려가려 한다면 오히려 더 많은 벽에 가로막힐 것입니다. 아이의 강점을 발견하고 키우는 데에 칭찬은 반드시 필요하지만, 결과가 아닌 아이의 잘하는 부분을 발견하고 아이가 무기력해지지 않도록 발전하는 과정을 칭찬하세요.

강점을 키우는 ABC 칭찬법

1. 행동을 관찰한 대로 칭찬하기(Act)

대개 누군가를 설명할 때 관찰한 대로 말하기보다는 자신의 의견과 생각이 들어간 판단과 평가를 내립니다. 칭찬도 마찬가지입니다. "똑똑하구나"는 판단입니다. 아이의 어떤 행동을 보고 똑똑하다고 판단한 것입니다. 이런 칭찬은 아이의 사고방식을 틀 안에 가둘 수 있습니다. 칭찬은 관찰한 그대로를 돌려주면서 시작하면 좋습니다.

아이가 방을 깨끗하게 정리했다면 "방을 잘 정리했구나." 숙제를 제시간에 끝냈다면 "숙제를 제시간에 끝냈네." 내 생각이나 판단 없이 관찰한 대로 묘사하면 됩니다. 관찰은 구체적입니다. 관찰한 바를 묘사하면 듣는 사람 머릿속에도 그림이 그려져 상대도 그 말을 납득하게 되고, 자기 행동을 되돌아보게 됩니다.

2. 상대의 존재, 가치, 강점에 대해 알아주기(Being)

이제 앞서 행동한 부분의 이면을 알아봐주어야 합니다. 숙제를 제시간에 끝낸 것의 이면에는 성실함이라는 강점이 있었겠지요. 내면의 그 강점을 주어진 상황에서 활용한 것을 알아봐주는 것입니다. 이는 단순히 강점이 무엇인지 알려주는 것보다 강점이 어떤 효과가 있는지 보여주고, 활용 방법에 따라 어떤 역동성을 보이는

지도 알려줍니다. 행동을 칭찬하기 전에 이 부분을 먼저 칭찬하면 그 강점의 틀에 갇혀 아이의 행동을 제한할 수 있습니다.

자율성을 가지고 행동한 부분에 자신의 가치와 강점, 더 나아가 존재까지 칭찬받는다면 사고의 틀이 확장되고 다음에는 어떻게 활용할 수 있을지 생각할 수 있습니다.

3. 상대의 행동이 나에게 기여한 영향력을 표현하기(Contribution)

사람은 누구나 의미 있는 존재가 되기를 원합니다. 아이들도 그렇습니다. 엄마 아빠를 기쁘게, 행복하게 해주고 싶어 합니다. 아이의 행동이 부모에게 어떤 의미가 있고, 어떤 행복감과 영향을 주었는지를 알려주면 어떤 칭찬보다 효과적입니다.

"○○이가 방을 깨끗하게 치워서 엄마가 정말 행복했어. 오늘 회사에서 힘들었는데 ○○이 덕분에 힘든 마음이 싹 없어지는 기분이야. 정말 고마워." 이런 칭찬을 듣는다면 아이는 어떤 기분일까요? 다음에도 방을 깨끗하게 치우고 싶어 하지 않을까요?

에드워드 데시Edward Deci와 리차드 라이언Richard Ryan의 자기결정이론self-determination theory에 따르면, 사람이 뭔가를 하고 싶게 만드는 요인에는 세 가지가 있다고 합니다. 자율성Autonomy, 유능성Competence, 관계성Relatedness입니다. 이를 적용하면 타인의 지시가 아닌 스스로 선택할 때(자율성), 자신이 할 수 있다고 믿을 때(유능성), 중요한 관계에 의미를 지닐 때(관계성) 동기가 높아집니다.

아이들도 마찬가지입니다. 부모의 칭찬을 통해 아이는 자신이 선택한 행동을 인지하고, 더 잘할 수 있다고 믿고, 부모와의 관계에 기여했다고 느낀다면 무엇이든 할 수 있습니다!

가끔 이런 생각을 합니다. 오늘 내가 불의의 사고로 세상을 떠난다면 직전에 어떤 생각이 떠오를까? 전 마지막으로 아이에게 건넨 말이 떠오를 것 같습니다. 아이를 닦달하고 싶을 때, 이것이 아이에게 건네는 마지막 말이라 생각하면 저도 모르게 말이 삼켜지는 것 같습니다.

별 탈 없이 살아가는 하루하루가 기적입니다. 이 기적 같은 하루를 잘 보내기 위해 가장 필요한 것이 감사입니다. 이렇게 아이가 내게 온 것도 감사, 건강하게 하루를 보낸 것도 감사, 우리 가족이 쉴 공간이 있음에도 감사합니다.

알지만 표현하는 것은 또 다릅니다. 운동을 전혀 하지 않은 사람이 윗몸일으키기 50개를 할 수 있나요? 근육이 쓰지 않으면 퇴화하듯 표현도 마찬가지입니다. 자꾸 써야 익숙해집니다. 아이의 모습을 자주 관찰하고 자주 묘사해서 표현해주세요. 아이를 판단하고 결과만 칭찬하지 말고 있는 그대로 아이의 행동과 강점 그리고 아이가 우리 삶에 미치고 있는 기여를 표현으로 돌려주세요. 이런 표현을 듣고 자란 아이들이 활동하는 사회는 얼마나 따뜻하고 아름다울까요!

어린이의 감춰진 힘을 알아내어 칭찬하고 그 힘의 성장을 돕고 보조하겠다는 의도를 가지고 겸손히 다가가야 한다. 그렇게 하면 어린이의 진정한 품성이 내면의 힘을 가지고 우리 앞에 드러날 것이다. _몬테소리

7
자기조절력을 키우는 강점 육아

틀 안에서 유연하게

강점 이야기를 하다 보면 무조건 아이를 '우쭈쭈' 해야 한다고 오해하는 경우가 있습니다. 우리는 부모입니다. 자녀에게 옳은 것과 그른 것, 해야 하는 것과 하면 안 되는 것을 알려주어야 하는 사람입니다. 아이들도 자라면서 자신의 행동이 좋은지 나쁜지 압니다. 그런데도 부모가 말리지도 않고 꾸중도 하지 않으면 혼란스럽습니다. 혼나야 하는데 혼나지 않으니 부모를 신뢰하기 어렵습니

다. 도덕성을 전공한 학자들은 비도덕적인 행동에 벌이 없다면, 도덕적인 행동을 강화하는 데 한계가 있다고 말합니다. 즉 적절한 제재와 처벌이 필요하다는 말입니다.

아이가 화가 난다고 물건을 집어던졌습니다. 아이가 화가 난 상황은 공감해주어야 합니다. 그러나 그 행동은 옳지 않습니다. 공감은 하되, 그러면 안 된다고 분명히 알려주어야 합니다. 그런데 부모의 기분에 따라 어떤 날은 제지하고 어떤 날은 내버려두면 어떻게 될까요? 아이는 계속 이래도 되는 건지 안 되는 건지, 내 행동이 옳은지 틀렸는지 알 수 없어 불안해집니다. 부모의 일관성은 아이가 자기 정체성을 형성하는 데 큰 영향을 미칩니다.

아마존에는 16개의 리더십 원칙이 있습니다. 제프 베조스가 아마존 수장에서 내려오는 날까지 신경 쓰고 수정했던, 아마존 직원이라면 누구나 알고 있어야 하는 원칙입니다. 하지만 이 원칙만 지키면 마음껏 자유롭게 자기 재량을 발휘할 수 있습니다. '원칙을 고집하되 세부 내용에는 유연성을 가지라'가 아마존의 철학입니다.

육아도 마찬가지입니다. 아이를 사랑하고 아이의 마음을 이해하는 것도 중요하지만 우리는 아이의 친구가 아닙니다. 부모이기 때문에 반드시 가이드가 필요합니다. 원칙을 제시해주어야 합니다. 일관성 있는 원칙 안에서 아이가 자유롭고 유연하게 생활하도록 돕는 것이 부모의 역할입니다.

아이의 발달과 자기조절력

하고 싶은 것만 하며 살 수는 없습니다. 자신의 욕구를 잘 파악하는 동시에 조절하는 능력도 키워야 합니다. 내면의 욕구와 외부의 환경 사이에서 갈등이 일어날 때 원하는 결과를 위해 생각과 행동을 조절하는 능력이 '자기조절력self-regulation'입니다.

아이들은 어릴 때부터 자기조절력을 발달시키기 시작합니다. 18개월 정도 되면 세상을 탐색하다가도 "안 돼"라는 말을 들으면 만지고 싶어도 일단 멈춥니다. 충동을 통제하고 욕망을 조절하기 시작합니다. 물론 불규칙적으로 나타나고 오래 지속되지는 않지만, 눈치를 보고 안 된다는 말에 반응하는 것으로 자기조절력을 보여줍니다.

정신과 의사이자 뇌 과학자인 이시형 박사는 저서 《아이의 자기조절력》에서 자기조절력 발달에 가장 중요한 시기가 3~6세라고 말합니다. 이 시기에 자기조절력을 발달시켜주면 감성과 이성이 조화로운 사람으로 자랄 수 있다고 강조합니다. 이후 7~12세에 자기조절력을 좀 더 안정적으로 발휘하다가 10대 청소년이 되면 다시 약해집니다. 변연계에서 충동과 욕망을 관장하는 부위가 급성장하면서 일시적으로 전두엽 피질의 발달을 능가하기 때문입니다. 사춘기 아이들이 자기도 이해 안 되는 충동적인 행동을 하는 이유입니다.

하지만 이전에 자기조절력이 잘 발달된 아이들은 청소년기의 혼란스러운 변화도 상대적으로 수월하게 겪어냅니다. 반면 자기조절력이 부족한 아이들은 심각한 사춘기를 호되게 겪으며 결과도 긍정적이지 않을 수 있습니다. 중학생과 대학생을 대상으로 학업 평균 점수를 예상하는 데 자기조절력이 IQ보다 중요한 요인이라는 미국의 연구 결과도 있습니다. 순간적인 충동을 조절하고 장기적으로 자신을 통제하는 능력이 지능보다 학업에 더 중요한 영향을 미치는 것입니다.

또한 자기조절력이 강한 아이들은 그렇지 못한 아이들보다 신체와 정신이 건강하게 성장하며, 교육적으로 많은 성과를 이루고 우울증 및 약물 남용 문제가 적으며 경제적으로 안정된다는 사실도 밝혀졌습니다. 이처럼 중요한 자기조절력을 아이들이 기를 수 있도록 도와주어야 합니다.

플로리다 주립대학교 심리학과 로이 바우마이스터Roy Baumeister 교수와 올버니 대학교 마크 무레이븐Mark Muraven 교수는 자기조절력을 근육에 비유합니다. 근육과 마찬가지로 많이 사용하면 자기조절력도 피로해집니다. 스트레스나 감정 억제 등도 자기조절력을 약화시키는 요인입니다.

저도 너무 피곤하거나 스트레스가 많아서 아무 생각 없이 집에서 스마트폰만 들여다보고 싶을 때가 있습니다. 저의 자기조절력 근육이 완전히 소진된 것이죠. 이럴 때 밀어붙이면 더 역효과만 납니다. 이러한 사실을 인지하기만 해도 아이와 나 자신을 이해할 수 있습니다. 근육도 바른 운동으로 강화할 수 있듯, 자기조절력도 강화할 수 있습니다. 특히 그 부분에서 강점이 중요한 역할을 담당합니다.

자기조절력을 키우는 방법

1. 아이들이 보내는 하루의 시간을 이해한다

요즘 아이들은 바쁩니다. 학교에서 나오자마자 학원 뺑뺑이를 돕니다. 학원이 끝나면 산더미 같은 숙제가 쌓여 있습니다. 입장 바꿔 생각해볼까요? 아침에 회의하고 하루 종일 업무 처리하고 퇴근했는데 밀린 집안일이 쌓여 있다면 어떨까요? 아무리 자기조절력이 뛰어난 사람이라도 맥이 풀리고 지칠 것입니다. 아이들도 그럴 수 있습니다. 특히 배고프고 짜증나는 '에너지 고갈 시간'에는 자기조절력을 많이 쓰는 일보다는 충분한 휴식을 취하는 것이 좋습니다.

제 아이는 방과후 수업을 마치고 저를 만나 저녁을 먹을 때까지가 '에너지 고갈 시간'인데, 이때는 좋아하는 인형을 안고 뒹굴뒹굴하거나 야구카드를 만지작거리며 충전합니다. 에너지를 얻는 방법은 각자 천차만별이니 아이와 이야기를 나눠보면 좋겠지요.

부모의 눈에는 늘 똑같은 아이의 일상이겠지만, 그들도 나름의 스트레스 차이를 느낍니다. 중요한 시험을 앞두고 있다거나 친구와 갈등이 있으면 아이들은 다른 부분에 조절력이 떨어질 수 있습니다. 특히 10대 아이들에게는 조금 더 너그러울 필요가 있습니다. 뇌 발달상 자기조절력이 특히 떨어지는 시기이니까요.

아이를 이해하고 아이와 함께 뭔가를 만들어가려면 항상 관찰이 필요합니다. 아이의 에너지가 언제 떨어지는지, 자기조절력의 기복을 보이는 시기가 언제인지 관찰하고 그 시간을 어떻게 잘 넘길 수 있을지 경청과 질문을 포함한 대화가 시작입니다.

2. 루틴 만들기

아이마다 개성과 강점이 모두 다르기에 모든 아이에게 꼭 맞는 방법이란 없습니다. 각 아이에게 맞게 조절해주고 스스로 찾도록 존중해주는 것은 강점 육아의 기본 내용입니다. 하지만 그렇다고 해서 모든 것을 자유분방하게 두라는 의미는 아닙니다. 가끔 우리는 루틴을 통제와 혼동합니다.

루틴은 아이의 자율성을 억압하고 통제하는 것이 아니라 아이가 자유롭게 활동할 수 있도록 넓은 울타리를 쳐주는 일입니다. 예를 들어서 아침마다 출근할 때 매일 다른 길로 가야 한다면 어떨까요? 출근하기도 전에 많은 에너지를 써서 힘들 것입니다. (그런 모험을 좋아하는 사람도 있겠지만요.) 아침 출근 때마다 똑같은 루틴이 있으면 에너지를 절약할 수 있습니다. 특히 수면이나 식사 시간 같은 루틴은 건강에 매우 중요합니다. 낮에는 자유롭게 지내더라도 일어나고 자는 시간, 식사 시간을 정해두면 아이들이 훨씬 더 건강하게 생활할 수 있습니다.

규칙이나 루틴은 아이와 함께 정하는 것이 좋습니다. 아이가 자신의 강점을 인지하고 있다면 더 쉽게 실행 방안을 찾을 수 있겠지요. 아이가 이 루틴을 처벌로 받아들여서는 안 된다는 점을 명심하세요. 루틴의 필요성을 이해하고 어떤 강점을 이용해서 루틴이나 습관을 지킬 수 있을지 아이 스스로 생각하게 하고 합의하는 과정이 꼭 필요합니다. 규칙은 많을수록 지키기 어렵습니다.

아이가 자랄 울타리는 넓게 쳐주어야 합니다. 좁고 촘촘한 울타리는 자칫 통제가 될 수 있습니다. 루틴이 잡히면 아이도 그 안에서 안정감을 느낍니다.

3. 감정 알아차리고 인지하기

토론토 대학교 연구원들은 감정을 억제하면 자기조절력이 고갈된다는 사실을 실험을 통해 입증했습니다. 그들은 고통받으며 죽어가는 동물 영상을 보는 사람들의 뇌 전기 활동을 관찰했습니다. 영상을 보는 동안 참가자의 절반에게는 감정 표현을 허용하고, 나머지 절반에게는 감정을 억누르라고 지시했습니다. 연구원들은 자기조절의 중추인 뇌 전두엽의 활동을 자세히 관찰했습니다. 결과는 감정을 억제하는 데 에너지를 쓴 사람은 자기조절력에 사용할 에너지를 빼앗긴다고 나왔습니다.

슬픈 영상을 보면서 감정을 억눌러야 했던 사람들의 전두엽은 영상 시청 전보다 활동성이 줄었을 뿐 아니라 감정을 억제하지 않았던 사람들보다 낮았습니다. 이어 진행된 자기조절력이 필요한 퍼즐 실험에서도 감정을 억눌렀던 사람들의 성과가 더 낮았습니다.

우리는 때로 감정을 알아차리고 인지하는 것을 감정적인 것과 혼동합니다. 자기조절력은 이성의 영역이라서 감정은 억눌러야 한다고 생각합니다. 그런데 감정은 없앨 수 있는 것이 아닙니다. 감정을 억제하려면 에너지가 소요됩니다.

앞선 실험에서 보듯, 감정을 누르는 데 에너지가 필요하므로 자기조절에 쓸 에너지는 줄어듭니다. 부모와 아이는 감정을 온전히 느끼고 표현하는 방법을 알아야 합니다. 감정은 합리적인 생각을 방해하지 않으며, 오히려 생각 정리에 도움이 됩니다. 감정 정리가 되지 않고 스트레스가 많은 상황에서는 자기조절력도 힘을 잃습니다.

야식을 언제 먹었는지 배달 어플을 확인한 적이 있습니다. 저는 위장장애가 있어서 야식이 정말 안 좋은데요, 자기조절력을 발휘하지 못하고 야식을 주문했을 때는 스트레스를 받고 감정을 제어하지 못한 날이었습니다. 아이의 감정을 알아차리게 돕고 아이가 그 감정을 인식하고 이름 붙일 수 있게 도와주세요. 감정은 알아차리는 것만으로도 많은 부분이 해소됩니다.

4. 자기인식을 통한 자기조절력 높이기

제대로 치료하려면 먼저 정확히 진단해야 합니다. 원인을 파악하지 못하고 오진한다면 옳은 치료를 할 수 없습니다.

아이들의 자기조절력도 마찬가지입니다. 자신이 어떤 상태인지 알아차려야 조절할 수 있습니다. 자신의 상태와 인지 과정을 명확하게 아는 것을 '메타인지'라고 합니다. 메타인지는 학업에도 사회성에도 무척 중요한 능력입니다. 제3자의 시선으로 자신의 상태를 바라보는 매우 어려운 능력입니다.

일반적으로 사람들에게 메타인지는 공부와 연결되어 있지만 거기에만 국한되지 않습니다. 세상을 살아가는 모든 방식에 메타인지가 필요합니다. 사람은 끊임없는 자극에 노출되어 있고, 그 안에서 감정이 일어나며 그 감정들을 알아차리고 그 안에서 올바른 선택을 내려야 합니다. 그러려면 내가 어떤 상황인지, 내게 어떤 일이 일어나고 있는지 명확하게 알아야 합니다.

아이가 화나서 물건을 던집니다. 대부분 '화가 난다'와 '물건을 던진다'가 동시에 일어납니다. 확 터져버리는 거죠. 그러면 행동에 조절력을 발휘할 수 없습니다. 화가 나기 시작할 때를 인식해야 합니다. 행동하기 전에 '내가 화가 나는구나'에 인식이 멈추도록 하는 것입니다. 감정과 행동 사이에 차이를 두는 것입니다.

아이들에게는 어려운 일입니다. 그래서 '네가 지금 화났구나'라고 현재 상황을 인식할 수 있도록 해주어야 합니다. 마치 거울을 보듯 스스로 인지할 수 있도록 비춰주는 것이죠. 자기 상황을 인지하면 멈출 수 있습니다. '내가 화가 났구나.' 그리고 하던 대로 물건을 던질지 다른 방법으로 화를 다스릴지 선택할 수 있게 됩니다. 대부분의 아이들은 원래 하던 방식 말고(자주 봤던 방식일 수 있고, 했는데도 제재를 받지 않았던 방식일 수도 있고요) 다른 방법이 있다는 것을 생각하지 못합니다.

"이렇게 화가 날 때 어떻게 하면 좋을까?" 하고 문제를 해결할 방법을 같이 찾아보세요. 그러면 아이에게 선택지가 생깁니다. 선택할 수 있는 아이에게는 자율성이 생기고 결국 자기조절력 근육을 키울 수 있습니다.

공포에 대한 자기조절력

치과공포증이 있는 사람들은 매우 많습니다. 어릴 때 안 좋은 기억이 성인이 되어서까지 남아 있어 치료를 두려워하는 사람도 있고요. 종합병원에 있는 저는 개인병원에서 치료를 받다가 잘되지 않아서 오는, 치과에 좋지 않은 기억을 가진 아이들을 많이 만납니다. 인정 5 비난 1의 법칙처럼 치과에서 한 번의 나쁜 경험을 없애려면 5번 이상의 좋은 경험이 쌓여야 합니다.

치료가 급하면 일단 수면치료나 전신마취 등 아이가 기억하지 못하게 치료합니다. 하지만 충치는 늘 생기고 아이는 자라기 때문에 매번 그럴 수는 없지요. 그리고 모든 공포증은 마주하는 시간이 필요합니다. 때로는 그 실체보다 더 과하게 나를 덮치기도 하니까요.

제가 아이들을 진료할 때 가장 공들이는 시간이 있습니다. 첫 치료를 받는 순간입니다(수면치료나 전신마취 이후 처음으로 본인 의지로 첫 치료를 받는 순간도 포함입니다). 이 순간이 어떻게 남느냐에 따라 향후 치과에 대한 반응이 결정되기 때문입니다. 일단 설명합니다. 그리고 보여줍니다. 느낄 수 있게 합니다. 체계적 탈감작화Desensitization로 Tell-Show-Do(TSD) 기법입니다. 내가 미치도록 무서워했던 것이 실제로 마주하면 별것 아닐 수 있음을 인지하는 것이죠.

그리고 하나씩 들어갑니다. 처음에는 검사만, 그다음에는 엑스레이만, 그다음에는 이 닦기만. 그렇게 점차 내가 치과 진료를 받을 수 있다는 작은 성취를 쌓아갑니다. 무언가를 할 수 있다는 자기효능감은 자신의 감정과 행동을 더욱 잘 조절하게 합니다.

그리고 ABC에 맞추어 칭찬해줍니다. "오늘 치과치료 너무 잘했어! Act" "힘든 데도 참아주다니 정말 멋진 친구다!Being" "오늘 ○○이가 선생님을 도와줘서 너무 쉽게 충치 벌레를 무찌를 수 있었어. 정말 고마워!Contribution" 이렇게 말입니다. 진료실을 나가는 아이의 뒷모습이 어떨까요? 어깨가 한껏 올라가 있지 않을까요? 그 아이에게 치과는 어떻게 기억될까요?

이 모든 과정에서 부모님의 자세가 매우 중요합니다. 무서워하는 아이에게 "아니, 다들 하는 건데 왜 너만 유난이야?"라는 태도나 반대로 "우리 ○○야, 너무 미안해. 엄마도 너무 무서워" 등의 태

04

강점을 알면 공부에 자신감이 생긴다

교육의 목적은 각자의 강점을 세계의 요구와 기회에 맞추는 데 있다.

_브렛 쉴케

1
아이의 정서 안정이 공부에서 무엇보다 중요한 이유

안정된 정서와 공부의 관계

제 아이는 야구광입니다. 주로 메이저리그를 좋아하지만 한국 프로야구도 좋아합니다. 특히 메이저리거 출신으로 현재 한국에서 활약하는 추신수 선수를 좋아합니다. 추신수 선수가 2021년 국내 리그에 오자 아주 난리가 났습니다. 하지만 초반에는 매우 부진했습니다. 갑작스레 한국으로 오면서 페이스가 무너지지 않았나 싶었지만, 가을 야구를 앞두고 무시무시한 실력을 보여주었죠. 그해

추신수 선수는 역대 최고령 20홈런–20도루 기록을 세우고 2022년에는 소속 팀 우승에도 크게 기여했습니다.

기자들은 지독한 연습벌레로 유명한 추신수 선수에게 초반 부진을 극복하기 위해 나머지 훈련을 얼마나 했는지 물었습니다. 그런데 "지금까지 야구하는 동안 계속 그랬는데, 경기가 끝나면 훈련은 더 이상 하지 않"는다는 의외의 대답을 했습니다. 잘나가는 빅리거의 자만심일까요? 추 선수의 말에 따르면 연습이 더 필요하다는 것은 그날 경기가 잘 안 풀렸으며 기분이 안 좋은 상황일 텐데, 그런 상황에서 연습을 더 하는 것은 몸과 마음을 고통스럽게 하는 행동이라는 것입니다. 그러면서 부족하다고 느낀 부분을 채우기 위한, 좋지 않은 기분을 풀지 못한 채 하는 야간 훈련은 오히려 역효과를 낳는다고 말합니다.

노력을 하지 말라는 뜻이 아닙니다. 추 선수에게 노력이란 과거 잘못에 대한 반성이 아니라 내일의 플레이를 준비하는 일입니다. 그래서 시합이 안 풀린 날 남아서 야간 훈련을 하는 것이 아니라, 푹 자고 다음 날 누구보다 일찍 나와서 훈련합니다. 무엇보다 중요한 것은 안 좋았던 마음속 감정을 푸는 것입니다.

그의 말을 읽고 공감했습니다. 시험성적이 좋지 않은 아이들이 남아서 보충수업을 하는 것을 반대하는데요. 실제로 효과가 없을 가능성이 크기 때문입니다.

저는 매우 감정적인 사람이라 감정이 해결되지 않으면 일이 잘

되지 않습니다. 같이 일하는 사람들과 좋은 관계를 유지하려고 노력하는 이유는, 좋은 기분이 제 일의 성과를 높이기 때문입니다.

공부도 마찬가지입니다. 아이들은 언제 공부한 내용을 잘 기억할까요? 학습에는 작업 기억이 가장 중요합니다. 작업 기억은 들어온 정보를 조직화하고 연결해서 그 정보를 머릿속에 간직하게 해줍니다. 이런 작업 기억 자체가 학습이라고 볼 수 있지요. 그런데 이 작업 기억 손상에 가장 큰 영향을 미치는 것이 바로 스트레스입니다.

학습보다 감정을 우선으로

1900년대 초 로버트 여키스Robert Yerkes와 존 도슨John Dodson은 정신적·생리적 각성이 어느 지점까지는 성과 향상에 도움이 되지만 그 점을 지나면 성과가 하락하는 것을 발견하고 '여키스-도슨 법칙Yerkes-Dodson Law'을 제시했습니다. 호기심, 흥분, 약한 스트레스 등으로 인한 적절한 각성은 최적의 성과를 내지만 '지나친' 스트레스는 오히려 두뇌 효율을 떨어뜨린다는 것입니다.

도전은 주어지지만 위협은 낮은 환경, 즉 마음이 편한 상태에서 학습효과와 성적이 최상 수준에 이른다는 것입니다. 그런데 하루 종일 시험을 치른 아이가 성적이 좋지 않다고 남아서 공부하면 어

여키스-도슨 법칙

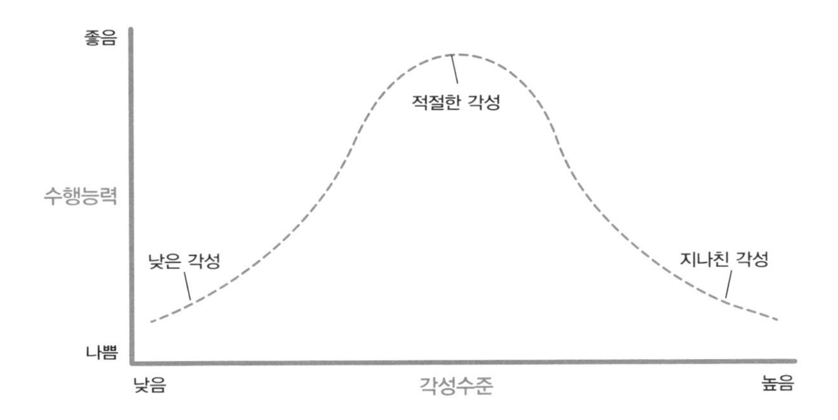

떨까요? 숙제를 위해 부모와 선생에게 혼나면서 꾸역꾸역 억지로 공부한 내용이 작업 기억으로 제대로 저장될 수 있을까요?

감정은 항상 학습에 우선합니다. 울면서 외우는 영어 단어, 혼나면서 푸는 수학 문제는 머릿속에 남지 않습니다. 그날의 실수를 만회하기 위해 남아서 하는 야간훈련이 추신수 선수에게 효과가 없었듯 말입니다. 야구는 시즌 동안 거의 매일 경기를 치르는 스포츠입니다. 무려 144경기입니다. 메이저리그는 160경기 정도입니다. 매일 경기를 한다는 것은 오늘의 실패를 내일 만회할 수 있다는 것, 오늘의 성공을 내일도 보장할 수는 없다는 것입니다.

아이들은 공식적인 공부 기간만 12년입니다. 요즘에는 유치원 시절부터 공부하고 대학 이후에도 계속 공부하니 기간은 더 길어지고 있습니다. 야구보다 훨씬 더 많은 경기를 치러내야 합니다. 야구선수의 커리어가 한 경기만으로 결정되지 않듯이 아이들도 마찬가지입니다.

마음이 단단하고 감정의 응어리를 건강한 방법으로 풀 수 있는 사람은 언제든 어떤 일이든 해낼 수 있습니다. 아이의 정서 안정은 공부에 무엇보다 중요합니다.

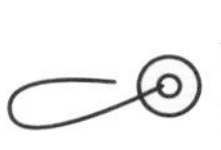

쓸모 있는 나무는 일찍 베어진다. 계피나무는 향기가 있다고 하여 베고, 옻나무는 베어서 칠에 쓴다. 하지만 옹이가 박히고 결도 좋지 않아 어디에도 쓸모없었던 나무는 베어가는 사람이 없어서 가장 크고 무성하게 자라 원래 나무의 본성을 발휘한다. _장자

2
빈둥거리는 시간의 힘

아무것도 하지 않는 시간

아이들의 방학이 다가오면 엄마들은 바빠집니다. 학원 특강 메시지도 계속 옵니다. 방학은 쉬어가는 시간이 아니라 부족한 것을 보충하는 시간들로 빽빽하게 채워집니다. 쉬는 시간이 생기면 불안합니다. 엄마는 공부로 채우기 바쁘고, 아이는 유튜브와 게임으로 채우느라 바쁩니다. 우리 아이의 뇌는 쉴 시간이 없습니다.

최근 과학자들은 우리가 편하게 있을 때 뇌에서 어떤 일이 일

어나는지를 연구하기 시작했습니다. 그들은 두뇌 안에 오로지 '아무것도 하지 않을 때'만 활성화되는 복잡하고 고도로 통합된 네트워크를 발견, 이를 '디폴트모드 네트워크(휴식 시스템)'라고 부르기로 합니다. 그 기능에 대해서는 이제 알아가는 단계이지만 대단히 중요하다는 데는 모두 동의합니다. 이 단계에서 두뇌 에너지의 60~80%가 사용되기 때문입니다. 건전한 디폴트모드 네트워크 상태일 때 인간의 두뇌는 활기를 찾고, 정보를 영구적으로 기억하며, 복잡한 아이디어를 구체화하고 창의성을 발휘합니다.

창의성 하면 떠오르는 위인인 아인슈타인은 통신기기를 기피한 것으로 유명합니다. 그는 '끔찍하게 울려대는 전화기를 멀리하면' 창의적인 일에 집중할 수 있다고 사람들에게 말하고 다녔다고 합니다. "혼자 조용하고 단조롭게 살면 창조적인 사고를 하는 데 도움이 되며 사색을 포기하는 것은 정신적 파산 선고와 같다"는 그의 말을 생각하면, 아이에게 찰나의 휴식도 허락하지 않으면서 아이의 창의성을 향상시키고 있다고 말하는 우리를 보고 뭐라고 할지 궁금합니다.

아이들이 성장하려면 반드시 뇌가 쉬는 시간이 있어야 합니다. 아무것도 하지 않고 '빈둥거리는 시간'도 꼭 필요하다는 말입니다. 컴퓨터를 사용하다가 너무 많은 프로그램을 띄우면 속도가 급격히 느려지거나 아예 멈춰버린 경험이 있을 겁니다. 아이들도 마찬가지입니다. 너무 많은 정보가 들어가면 뇌에 과부하가 걸립니다. 아예 멈춰버릴 수 있지요. 아이들에게는 지식을 소화하고 자기 경험과 연결해서 생각할 시간이 필요합니다. 쉴 새 없이 집어넣는다고 해서 그것이 아이의 지식이 되지는 않습니다.

아리스토텔레스의 '유레카'처럼 어떤 문제에서 벗어나 있을 때 갑자기 답이 떠오른 경험이 있을 것입니다. 목욕하다가, 산책하다가, 운동하다가 문득 말입니다. 뇌를 쉬게 하면 뇌 스스로 문제에 파고들어 자신이 아는 것을 연결해서 발견할 수 있는 정신적 여유가 생깁니다.

이러한 사실은 컬럼비아 대학교의 한 연구 결과에서도 확인할 수 있습니다. 온종일 학교 수업을 받은 학생들과 컴퓨터 게임, 보드게임, 유산소 운동, 요가, 마음 챙김 명상 등이 포함된 놀이 기반 수업을 들은 학생들로 나누어 주의력, 인지 기능 등을 비교했습니다. 집중적인 공부에 휴식이 들어가면 어떤 결과가 발생할지에 대한 궁금증으로 시작된 연구였지요. 그 결과 놀이 기반 수업을 같이 들은 학생들이 주의력과 인지 기능에서 두드러진 향상을 보였습니다. 이는 "뺄수록 좋다"의 전형적인 사례로 주의 집중력은 휴식과 놀이로 방해받지 않고 오히려 강화된다는 내용입니다.

아이가 빈둥거리고 있다고 해서 아이의 뇌도 빈둥거리고 있지는 않습니다. 아이를 쉬게 해주세요. 그래야 주의력도 올라가고 자신이 받아들인 정보들을 통합하여 장기 기억에 저장하며 자아에 통합시킵니다. 이는 자기 정체성을 형성하는 데도 매우 중요한 시간입니다.

더하기가 아닌 빼기

영우가 얼굴이 퉁퉁 부은 채로 찾아왔습니다. 어젯밤부터 얼굴이 좀 부었기에 모기가 물었나 보다 했습니다. 그런데 아이가 새벽에 아프다고 울어서 봤더니 눈 밑까지 퉁퉁 부어 있었다고 합니다.

봉와직염cellulits입니다. 아이들은 구강 조직이 헐거워서 염증이 열린 공간으로 빠르게 퍼지면서 발생하지요. 치료법은 증상에 비해 간단합니다. 원인이 되는 치아를 빼면 됩니다. 영우의 경우 윗니 어금니 뿌리 쪽에 염증이 생겼고 그 염증이 위쪽 공간으로 들어가 눈 아래까지 퍼졌던 것입니다. 치아를 뽑고 항생제를 맞으니 고생한 것이 무색할 만큼 아이는 금세 멀쩡해졌습니다.

친구가 아이 때문에 고민이 많았습니다. 집중도가 떨어지고 행동이 거칠다면서요. 동생도 자주 괴롭히고 짜증이 많다고 했습니다. 워킹맘이었던 친구는 아이가 어릴 때부터 일하느라 제대로 잡아주지 못해서 그런 것 같다고 휴직을 고민했습니다. 남편은 집중력 장애 같다며 ADHD 약을 먹이자고 했습니다.

약을 먹이기 전에 소아정신과 검사를 받았습니다. 아이는 ADHD가 아니었고, 개성과 기질이 강하니 섣불리 지도하면 갈등만 더 심해질 수 있다는 진단이었습니다. 영리하니 자기가 알아서 사는 방법을 터득할 것이라며 그저 내버려두라고요. 친구에게도 휴직은 엄마와 아이에게 독이 될 수 있으니 직장은 계속 다니라고 했답니다. 친구는 밀착케어를, 남편은 약을 더하려고 고민했는데 아이에게 맞는 처방은 아무것도 하지 않는, '더하기가 아닌 빼기'였습니다.

이런 경우가 의외로 많습니다. 육아에서도 인생에서도, 뭘 더해야 할까, 뭘 더해주어야 할까 고민하지만 정작 도움이 되는 것은 무얼 더해주는 것이 아니라 빼는 것입니다.

왜 빼지 못하고 더하려고만 할까요? 불안 때문입니다. 부모도 모르기 때문입니다. 세상이 어떻게 변할지 모르겠는데 그나마 아이가 "정상적"이라 여겨지는 형태로 살려면 부모들이 살아온 방식밖에 아는 길이 없으니까요. 몰라서 불안하고, 불안하니 자꾸 더합니다. 누가 그런 부모들에게 돌을 던질 수 있겠습니까.

하지만 빼는 것은 아이의 성장을 위해서 꼭 필요합니다. 염증을 가라앉히려면 문제가 되는 치아를 빼야 하듯이 우리 아이들이 자신을 제대로 알고 그 강점을 제대로 활용하고 성장하려면 반드시 소화를 시킬 수 있는 시간이 필요합니다. 인생은 반드시 1+1=2의 형태로 이루어지지 않습니다.

지금 우리 아이에게 어떤 고민이 있다면 한 발짝 물러나서 바라보시길 바랍니다. 내 아이에게 마구 더 하는 것보다는 무얼 덜어내야 내 귀한 아이의 내면의 힘이, 본래 가진 강점이 더 반짝반짝 드러날 수 있는지를 보기 위해서 말입니다.

사람은 가르칠 수 없다. 오직 자기 내면에 있는 것을 발견하도록 도울 수 있을 뿐. _갈릴레오 갈릴레이

3
자발적 학습의 비밀, 동기부여

아이들을 움직이게 하는 힘, 동기

저는 이 책을 새벽에 쓰고 있습니다. 진료하고 코칭하고 아이를 돌보니 시간이 너무 부족해서 새벽에 억지로 눈 비비며 일어났지요. 왜 이렇게까지 할까요? 책을 써본 사람은 알겠지만, 들이는 시간과 공력에 비해 원고 집필은 효용이 낮은 편입니다. 내가 좋아서 하는 일입니다. 나의 지식과 경험을 엮어 사람들에게 전달하는 것이 좋습니다. 그리고 저는 우리 사회가 약점이 아닌 강점을 바라보

도록 아이를 키우면 좋겠다는 사명감이 있습니다. 이런 것이 '동기 motivation'입니다.

누구나 동기가 있어야 움직입니다. 아이를 움직이게 만드는 것도 동기입니다. 쉽지는 않지요. 좀 알아서 공부하고 숙제하면 좋겠는데 부모 뜻대로 안 됩니다. 그래서 채찍과 당근을 사용합니다. 외부에서 오기 때문에 '외적 동기'라고 합니다. 숙제를 제시간에 끝내면 칭찬 스티커를 붙인다거나(긍정적 강화), 하지 않으면 게임 시간을 줄이는 것(부정적 강화) 등입니다.

치과에서도 종종 이런 방법을 사용합니다. 소아치과 접수대에는 아이들이 북적댑니다. 치료를 끝낸 아이들이 작은 선물을 고르느라 바쁘거든요. '치료 잘 받으면 선물을 받는다'라는 긍정적 강화로 외적 동기를 유발시키는 전형적인 방법입니다. 하지만 저는 요즘에는 이 방법을 사용하지 않습니다. 외적 동기가 내적 동기를 오히려 약화시킬 수 있기 때문입니다.

아이가 시험을 잘 보면 선물을 사주겠다고 하면 어떨까요? 선물이라는 유혹이 있으니 아이는 열심히 합니다. 하지만 선물을 받고 나면 동기가 사라집니다. 다음 시험에는 그보다 강력하고 센 외적 동기가 필요합니다. 뇌는 항상 새로운 방법을 생각하려 하기 때문에 다른 형태로 협상하려 들 수도 있습니다. 무엇보다 나쁜 점은, 외적 보상 때문에 어떤 것을 하면 그 행동 자체에 재미나 흥미, 가치를 느끼지 못하고 그저 보상받기 위해 참아내야만 하는 것으로 인식하게 됩니다.

할 수 없어서 못하는 경우도 있습니다. 잘하고 싶지만, 나이나 발달 단계상 아직 할 수 없는 아이들이 있습니다. 치과 치료도 마찬가지입니다. 장난감을 아무리 많이 준다고 해도 아직 용기가 안 나고, 치료를 받을 만큼 성숙하지 않아서 하지 못합니다.

보상이 아닌 처벌의 경우도 마찬가지입니다. 아무리 처벌이 무서워도 능력이 안 되면 할 수 없습니다. 보상이 크다고 해서 없던 능력이 생기지 않고, 능력 밖의 결과를 걸고 보상을 제시하다가 자칫 노력해도 성취하지 못하는 상황을 초래해 오히려 아이의 자신감만 떨어뜨릴 수 있습니다.

내적 동기 – 자율성, 유능성, 관계성

외적 동기로 단기적 성과는 유발할 수 있지만 학습이나 행동을 지속하려면 '내적 동기'가 필요합니다. 어떻게 내적 동기를 불러올 수 있을까요? 사람의 중요한 욕구 중 하나가 자율성입니다. 자기 삶을 통제할 수 있다고 여길 때 동기가 발생합니다.

방을 정리하려고 하는데 마침 엄마가 "방 치워"라고 말하면 치우기 싫어지는 경험이 있지요? 자율성을 침해당했기 때문입니다. 나 스스로 자유의지로 무언가를 하려고 하는데 엄마의 잔소리가 더해지면 내가 하려 해서가 아니라 엄마가 시켜서 하는 것이 되어 버리기 때문에 동기가 사라집니다. 그렇다면 어떻게 해야 할까요? 지시하지 말고 물어봐야 합니다. "숙제해!"가 아니라 "숙제를 언제 하면 좋겠어?" 물어서 아이에게 통제권을 넘겨줍니다. 동기부여를 위해 아이에게 학습 선택권을 주면 좋습니다. 설령 부모가 제공한다고 해도 아이와 합의해야 하고요.

유능성도 필요합니다. 많은 부모들은 아이가 수학이나 영어를 잘하면 내적 동기도 유발될 거라고 여깁니다. '잘하니까 더 하고 싶겠지' 생각하지요. 잘 못하는 일을 계속 하고 싶은 사람은 없으니까요. 하지만 유능성은 제일 잘하는 것이 아닙니다. 아이가 공부를 계속하려면 호기심이 생겨야 합니다.

《우리의 뇌는 어떻게 배우는가》의 저자 스타니슬라스 드앤Stanislas Dehaene은 "호기심은 이미 알고 있는 것과 알고 싶어 하는 것 사이의 차이에서 생긴다"라고 했습니다. 전혀 못하는 분야에서는 호기심도 유능성도 느낄 수 없습니다. 반대로 너무 잘하는 분야에서도 느낄 수 없습니다. 아이의 능력보다 약간 더 높은 수준의 과제에 도전하고, 거기서 '작은 성취'를 느낄 때 유능성이 충족됩니다. 그러니 이런 수준의 과제를 지속적으로 제공하면 아이의 동기를 유지할 수 있겠지요.

마지막으로 관계성이 있습니다. 관계성은 타인과 연결되어 있고 관심받고 있다는 느낌입니다. 선생님을 좋아하면 그 과목을 열심히 공부하고 싶은 이유가 이것입니다. 내가 좋아하는 선생님께 관심받고 싶으니까요. 이는 부모와의 관계에서도 통합니다. 부모에게 인정과 존중을 받는다고 느끼는 아이들은 부모의 가치관을 내면화합니다. 자기결정 이론에서는 이를 '통합 조절integrated regulation'이라고 하는데, 자신을 무조건 사랑해주는 사람들의 가치관과 목표에 동조하는 현상입니다.

제가 아이들의 동기부여에서 가장 강조하는 부분이 미러링입니다. 아이들은 본 만큼 꿈꿀 수 있습니다. 닮고 싶은 롤모델이 있어야 노력할 동기가 생깁니다.

제가 의사가 되어야겠다고 생각한 계기도 미러링이었습니다. '나도 저렇게 살고 싶다'는 모습을 보여준 사람이 있었거든요. 미국에서 만난 한인 의사 부부였는데 여유롭고 주위에 베푸는 모습이 매우 인상 깊어서 뇌리에 박혔습니다. '나도 의사가 되어서 저렇게 살고 싶다'라는 동기부여가 되었지요.

가끔 진료실에서 치과의사가 되고 싶다는 아이들을 만나면 저는 이렇게 말해줍니다. "○○이가 치과의사가 되어서 만날 때까지 선생님이 기다리고 있을게." 아이들이 다양한 직업, 다양한 삶의 모습을 볼 수 있으면 좋겠습니다. 직접 만나지 못하더라도 인터뷰 기사나 TED 강연 같은 간접 만남도 좋지요. 닮고 싶고 되고 싶은 사람이 있는 아이와 그렇지 않은 아이는 다를 수밖에 없습니다. 따라가다 보면 그 사람을 넘어서는 순간도 있을 것입니다.

아이마다 내적 동기를 유발시키는 부분이 각기 다르다는 사실을 꼭 명심하기 바랍니다. 성취가 강점인 아이라면 단계를 점차 높여 성취 자극을 주는 것이 동기를 유발시킬 수 있지만, 성취에 스트레스를 받는 아이는 오히려 내적 동기가 낮아질 수도 있습니다. 관계성에 강점을 가진 아이라면 같이 스터디그룹을 만들거나 좋아하는 선생님, 친구 등을 통해 동기를 형성하면 좋겠지요. 강점에 따라 내적 동기가 형성되는 부분도 달라질 수 있습니다. 이런 차이에 주의를 기울여야 내 아이가 어떻게 동기를 부여하는지, 아이에게 정말 중요한 것은 무엇인지 파악하고 도울 수 있습니다.

뛰어난 사람은 도에 대해 들으면 힘써 행하려 하고, 어중간한 사람은 도에 대해 들으면 이런가 저런가 망설이며, 못난 사람은 도에 대해 들으면 크게 웃는다. _공자

4
공부 잘하는 아이의 비밀

상위 0.1퍼센트 아이들의 진짜 능력

EBS 다큐멘터리 〈학교란 무엇인가 - 상위 0.1% 비밀〉에서 공부 잘하는 아이들의 특성을 조사했습니다. 전국 최상위 0.1퍼센트를 대상으로 한 조사였습니다. 당시 5만7천 명가량이던 고등학교 1학년 학생 중에서 전국 모의고사 석차 0.1퍼센트에 해당하는 아이들 800명과 그렇지 않은 700명을 비교했습니다. 그런데 결과가 예상과 달랐습니다. 0.1퍼센트 학생들은 지능지수, 성격, 부모의 학력이

나 소득 면에서 주목할 만한 차이점이 없었습니다. 그러자 제작진은 추가 실험을 합니다. 상위 0.1퍼센트 학생들과 그렇지 않은 학생들을 모아놓고 25개의 단어를 연이어 보여줍니다. 아무 연관성이 없는 단어들이 각각 3초씩 화면에 떴다가 사라졌습니다. 학생들에게는 학업성취도와 기억력의 상관성을 알아보는 실험이라고 소개했습니다. 아이들은 열심히 단어를 외웠지요. 그러나 실험의 목적은 사실 다른 데 있었습니다. 학생들이 얼마나 많은 단어를 기억하는지 알아보려는 것이 아니라, 자신의 능력치를 얼마나 정확히 아는지 알아보기 위한 실험이었습니다. 그래서 단어를 전부 보여주고 난 뒤에 아이들에게 '본인이 기억하고 있다고 생각하는 단어의 개수'를 적으라고 요청합니다. 이번에는 유의미한 차이가 나타났습니다.

최상위권 학생들은 자신이 몇 개의 단어를 기억할 수 있는지 정확히 예상했습니다. 반면 다른 학생들은 자기 예상보다 많이 기억하는 식으로 대답했습니다. 최상위권 학생들이 단어 자체를 더 많이 외운 것은 아니었지만, 자신이 예상하는 자기 실력과 실제 자기 실력 사이에 편차가 거의 없었습니다. 즉 그들은 자기 실력을 정확하게 파악하고 있다는 뜻입니다.

자신이 무엇을 얼마나 아는지 인식하는 능력은 매우 중요합니다. 인식은 모든 문제 해결의 출발점이기 때문입니다. 이런 학생들은 당연히 자기주도학습을 잘합니다. 내가 뭐를 알고 뭐를 모르는지 인식하고 있으니 무엇을 보충해야 하는지도 정확하게 알 수밖에요. 그러면 공부 효율도 당연히 올라갑니다.

남에게 쉽게 설명할 수 있어야 진짜 실력이다

최상위권 학생들에게 한 가지 특징이 더 있었습니다. 남에게 설명하기를 좋아한다는 점이었습니다. 모르는 문제가 있으면 보통 공부를 잘하는 친구한테 가서 물어봅니다. 그러니 최상위권 아이들은 자기가 아는 내용을 다른 사람에게 설명해줄 기회가 많습니다. 그러다 보면 자신도 얻는 것이 분명 있습니다.

강연장에서 누가 제일 똑똑해지는지 아시나요? 바로 강의하는 강사입니다. 강의를 준비하느라 자료를 조사하고 정리하며 요약해서 전달까지 하고 나면 누구보다 그 분야를 자세히 알고 이해하게 됩니다. 이처럼 상위권 아이들도 친구들의 질문에 대답해주면서 미처 생각하지 못했던 부분도 깨닫게 되고, 안다고 여긴 부분도 다시 한번 짚어보며 지식과 정보를 축적합니다.

중학교 3학년 때 저의 담임선생님은 젊고 매우 의욕적인 분이었습니다. 선생님은 일종의 실험으로 학급의 자리 배치를 완전히 바꾸었습니다. 1등과 꼴찌가 짝꿍, 2등과 끝에서 두 번째 친구가 짝꿍 식으로요. 당시 저는 반에서 3~4등 정도였습니다. 일반 중학교

였고 성실한 상위권 학생이었지만 특출나게 날고 기는 정도는 아니었지요. 중2 때 미국에서 귀국해서 중3 하반기에 고입 시험을 봐야 하는, 말 그대로 발등에 불 떨어진 상황이었는데 선생님은 이렇게 자리 배치를 하면서 공부 잘하는 친구가 그렇지 않은 친구를 가르쳐주라고 한 것입니다.

만약 상위권 엄마들이 극성스러웠다면 불만을 제기하거나 반대했을지도 모르지만, 어쨌든 이 실험은 진행되었습니다. 제 짝꿍은 뒤에서 3, 4등 하는 아이였는데 공부에 손을 놓은 상태였지요. 처음에는 저도 그 아이도 매우 떨떠름했지만 여중생의 힘이었을까요. 나중에는 꽤 친해졌습니다. 저는 그 아이의 자유분방함이, 그 아이는 제 성실함이 좋았던 듯합니다. 그 친구에게 기초부터 차근차근 공부를 가르쳐주기 시작했습니다. 지금은 정확히 기억나지는 않지만 전혀 생각하지 못했던 새로운 질문들도 종종 던진 것 같아요. 그러면 저도 같이 생각해보고 모르는 것은 찾아보곤 했지요. 그러면서 새로운 것을 알게 되고 누군가가 이해하기 쉽도록 설명하는 것이 참 재미있는 일이라는 사실도 깨달았습니다.

담임선생님의 이 실험은 누구에게 도움이 되었을까요? 꼴찌의 성적이 올랐을까요, 1등의 성적이 떨어졌을까요? 이 실험의 수혜자는 바로 '저'였습니다. 전교 등수가 올랐습니다. 우리 반 1, 2등의 성적이 어떻게 바뀌었는지는 기억나지 않지만, 학년 내내 이 실험이 계속되었으니 모두에게 효과가 있었던 게 아닐까요. 가장 좋은 공부법 중 하나는 남을 가르치면서 배우는 것이라는 사실을 온몸으로 체득했습니다. 누군가를 가르치려면 본인이 더 많이 공부해야 하고, 가르치는 행위를 통해 내 지식들이 조직화, 체계화되는 경험을 한 것이지요.

우리 집에는 커다란 화이트보드가 있습니다. 강연하기 전에 저는 항상 아이와 남편을 대상으로 리허설을 합니다. 그러면서 지식을 체계화하고 정리하지요. 아이도 무언가 알게 되면 남편과 저를 대상으로 설명을 합니다.

칼 비테 교육법의 창시자 칼 비테도 자식을 교육할 때 이 방법을 적용했습니다. 칼 비테는 아이가 공부나 경험을 하고 나면 반드시 집에 가서 엄마에게 무엇을 보고 듣고 배우고 느꼈는지 설명하게 했다고 합니다. 왜 엄마에게 설명하게 했을까요? 함께 경험하지 않은 사람에게 설명해야 하니 아이는 최대한 쉽게 이야기해야겠죠. 쉽게 설명하기란 매우 어려운 일입니다. 자신이 먼저 완벽하게 알아야 남이 알아듣기 쉽게 설명할 수 있으니까요. 집에 돌아가 엄마에게 이야기해주는 것을 습관화한 어린 아들 칼은 더 세심히 관찰하고 정확히 알려고 노력하면서 엄청난 성장을 이루었다고 합니다.

가장 중요한 것은 인성

> "상사문도 근이행지上士聞道 勤而行之 중사문도 약존약망中士聞道 若存若亡 하사문도 대소지下士聞道 大笑之 불소 부족이위도不笑 不足以爲道."
> 뛰어난 사람은 도에 대해 들으면 힘써 행하려 하고, 어중간한 사람은 도에 대해 들으면 이런가 저런가 망설이며, 못난 사람은 도에 대해 들으면 크게 웃는다. _공자

흔히 이기적인 사람이 공부를 잘할 거라고 생각합니다. 학원 정보는 공유하지 않고 필기도 빌려주지 않으며 효율적으로 자기 것만 챙기면서요. 누군가에게 뭔가를 알려주는 일은 시간 낭비라고 생각하는 사람들이 많습니다. 그러나 여러 인지심리학자들의 연구에서도 이타적인 사람들이 더욱 지혜로워진다고 합니다. 왜 그럴까요?

다양성의 힘이라는 것이 있습니다. 이타적인 사람은 다른 의미로 개방적인 사람입니다. 나와 다르다고 배척하지 않고 호기심을 가지고 타인의 강점을 보고 받아들이지요. 다른 사람은 어떻게 세상을 보는지 알고 이해하려는 공감능력을 키우는 사람들은 자신도 모르게 통찰력을 가지게 됩니다. 최근 'T자형 인재'가 각광받는다는 말을 많이 듣습니다. 자신의 전문 분야를 넓게 확장해서 다른 분야를 이해하고 받아들이는 사람이 필요합니다.

한국인 최초로 내부승진을 통해 선임된 한국 지멘스의 총괄 대표이사 사장이자 한국상공회의소 부회장인 정하중 대표는 이런 말을 했습니다. "임원이 되고 성공하는 사람들을 보면 결국 인성이 좋은 분들이 참 많더라고요." 인성이 좋은 사람은 자신에게 좋은 말만 듣지 않습니다. 반대의견도 받아들이고 이해하면서 사고를 가두지 않고 확장합니다. 그래서 급변하는 세상에서도 더욱 유연하고 탁월하게 결정을 내릴 수 있습니다.

2019년 세계경제포럼WEF은 향후 5년 동안 85만 개의 직업이 사라지고 97만 개의 새로운 직업이 생긴다고 전망했습니다. 풍부한 양질의 노동력으로 경제 발전에 성공한 20세기와 달리 21세기에는 다른 인재가 요구된다고도 했지요. 지식인이나 기술자가 아니라 지적 기반 위에 리더십과 인성을 겸비한 사람이 차세대 인재가 된다고 합니다. 지식 습득과 정보 취합은 인간이 기계를 이길 수 없습니다. 향후 인공지능은 평범한 지식인을 대체할 것입니다.

우리가 경쟁력을 가지려면 '인간다움'의 본질을 잊지 말아야 합니다. 인간만이 할 수 있는 생각, 감정, 통합을 해내야만 미래 세상이 요구하는 인재가 될 수 있습니다. 그런데 이건 어렵거나 거창한 일이 아닙니다. 타인과 세상에 대한 관심, 호기심 그리고 받아들임이 시작입니다. 자신의 지식에만 머물지 않고 타인의 생각을 받아들이고 이해하고 공감하면서 더 넓은 시야를 갖추는 지혜인이 될 때 비로소 아이들은 다음 세상의 주인이 될 수 있습니다.

사람이 자기 동년배와 보조를 맞추지 않는다면 필시 남들과 다르기 때문이다. 얼마나 다르든 간에 그냥 자기방식대로 살게 내버려두라.

_헨리 데이비드 소로

5
결국, 중요한 것은 강점을 찾는 것

'퀘스트 깨기형' vs. '방구석 탐험가'

아이를 둘 이상 키우는 부모들은 대부분 이렇게 말할 것입니다. "첫애처럼 키우려 했는데 둘째는 전혀 다르더라고요." 저와 제 동생도 그랬던 것 같습니다. 저는 수학 방문학습지를 참 열심히 했습니다. 일곱 살부터 초등학교 6학년 때까지, 한 회사에서 나오는 제일 높은 수준의 문제지를 거의 다 섭렵했습니다. 억지로 하지 않았고 한 단계 한 단계 넘어갈 때마다 재미를 느꼈습니다.

제가 잘했으니까 어머니는 동생에게도 똑같이 방문학습지를 들이미셨지요. 그런데 이 녀석은 야단법석을 떨며 거부하지 뭡니까? 정해진 시간에 '반복되는' 학습이 '산처럼' 지속되는 학습지가 끔찍하게 싫었다네요. 나중에 말하기를, 그걸 좋다고 푸는 누나가 미친 것 같았답니다. 결국 동생은 일 년도 채 버티지 못하고 그만두었습니다.

엄마는 당황했습니다. 아들 녀석에게는 학습지도 문제지도 학원도 다 소용없었습니다. 심지어 밖에 나가서 놀지도 않았어요. 그럼 얘는 대체 뭘 했을까요? 동생은 '방구석 탐험가'였는데 당시 제 눈에 보인 녀석은 '방구석 좀비' 같았습니다. 바닥을 긁으며 대체 뭘 하는 건지, 이리 뒹굴 저리 뒹굴거리며 공상을 해댔습니다. 그러다가 무슨 생각이 떠오르면 종이에 이상한 가계도 같은 것을 그려대고 저한테도 작위를 하나쯤 줬던 것 같네요. 그처럼 동생 눈에 누나는 미친 사람, 누나 눈에 동생은 좀비였지요.

'퀘스트 깨기형'인 저는 대학까지 무난하게 잘 왔습니다. 하지만 대학 이후로 인생은 제게 더는 '퀘스트'를 주지 않았습니다. 차곡차곡 주어진 퀘스트를 깨면서 여기까지 왔는데, 이제 세상은 갑자기 저보고 알아서 하라고 합니다. 많은 모범생들이 대학 이후 길을 잃는 이유가 이것입니다. 지식의 탑은 쌓아왔지만 그 탑을 연결하지 못하고 사용법도 모릅니다.

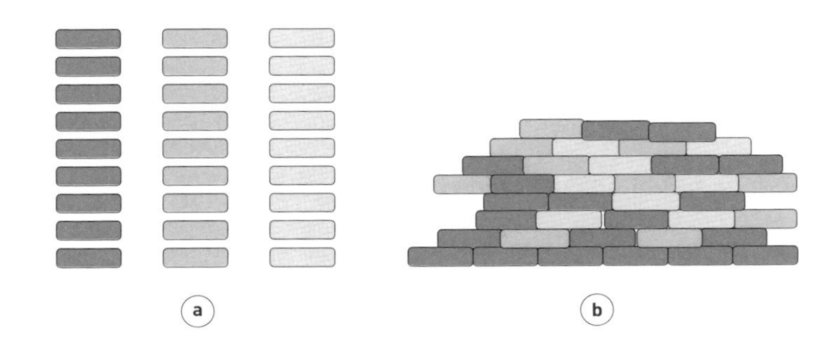

저는 a 그림처럼 지식을 쌓아나가기만 했던 것입니다. 주어진 퀘스트대로요. 동생은 b 그림처럼 중구난방 같아도 나름의 지식의 그물망 체계를 만들고 있었던 것입니다. 그래서 저는 20대를 방황하며 보냈습니다. 시행착오도, 별다른 비판도 없이 눈앞에 주어진 퀘스트만 풀어낸 대가로 그 이상의 세월을 헤맸지요. 하지만 '퀘스트 깨기형'으로 살아온 세월이 잘못되었다고는 생각하지는 않습니다. 차곡차곡 쌓았던 지식의 연결법을 몰라 헤맸던 것이지, 연결법을 알고 나니 그동안 쌓아둔 지식이 큰 도움이 되었습니다.

반면 '방구석 탐험가'인 동생은 대학까지 가기가 참으로 험난했습니다. 하지만 정규과정까지 졸업하고 우여곡절 끝에 자격증을 따고 난 뒤부터는 계속 혁신적인 생각을 떠올려내면서 지금도 재밌고 즐겁게 도전하며 지냅니다.

퀘스트에 따라 지식을 쭉 쌓아서 나중에 연결한 '퀘스트 깨기형'이든, 여러 지식을 그물망처럼 연결해 쌓아 올리는 '방구석 탐험가'

든 나중에는 비슷한 성취를 이룹니다. 오히려 '퀘스트 깨기형'은 본인이 쌓지 못한 빈 영역이 있기 마련이지만 '방구석 탐험가'는 더 촘촘히 그물망을 만들 수 있습니다. 현재 교육 시스템이 '퀘스트 깨기형'에게 유리하게 설정되어 있을 뿐, '퀘스트 깨기형' 공부 방법만이 옳다고 할 수 없습니다. 그런데 아이들에게 요구하는 것을 보면 답답합니다. 효율적으로 아이를 돕고 싶은 마음은 이해하지만, 마치 이 길만 정답인 것처럼, '지금 이때 이것을 하지 않으면 안 된다' 식의 접근은 옳지 않습니다.

아이들은 모두 다릅니다. 저와 제 동생이 다르듯이, 나중에는 비슷한 성취를 이룬다 해도 거기까지 가는 길에는 수백만 가지의 다른 방법이 있을 수 있습니다. 아이의 기질, 강점, 양육 환경, 생각, 가치관에 따라 어떤 길이 맞을지 아직은 모릅니다. 그러니 다른 집 아이의 로드맵만 무턱대고 따라 할 것이 아니라 그 시간에 내 아이를 더 관찰하고 아이의 신호를 읽고 거기에 맞는, 내 아이만의 성공 방정식을 써내려가야 합니다. 내 아이의 성공 방정식 레퍼런스는 내 아이 안에 있기 때문입니다.

대부분의 부모는 무엇이 옳은지 이미 알고 있습니다. 하지만 이론과 현실은 다른 법이라고, 아이가 안쓰럽지만 나중에 땅을 치며 후회하지 않으려면 어쩔 수 없다고 오히려 마음을 다잡습니다. 부모의 가장 큰 불안은 '무한한 가능성을 지닌 내 아이가 부모 잘못 만나서 제대로 꽃피우지 못하면 어쩌나'입니다. 그러다 결국 다들 저러는 이유가 있을 거라며 남들을 따라갑니다. '적어도 후회하진 않겠지' 생각하면서요. 영유, 선행, 조기교육 등이 잘못이라는 말이 아닙니다. 맞는 아이에게는 그 길이 옳습니다. 하지만 모든 아이에게 다 맞지는 않으며, 적절한 시기 또한 각자 다릅니다. 아이들은 모두 무한한 가능성을 지니고 있지만, 그것이 모두 똑같은 모습으로 발현되지는 않습니다.

목적지로 가는 길은 수백 가지가 넘습니다.

평균의 종말 시대, 중요한 것은 자신의 강점을 찾는 것

2023년 《트렌드 코리아》는 올해의 단어를 '평균 실종'으로 정했습니다. 평균, 기준, 정형은 더는 의미 없다는 진단입니다. 평균적인 제품이나 사람은 어떤 경쟁력도 가질 수 없는 시대가 오고 있습니다. 향후 특정 직업이 통째로 사라질 것 같지는 않지만, 그 직업만 가지면 모든 것이 보장되는 시대는 이제 다시 오지 않을 것입니다. 직업 속에서도 나만의 니치niche 즉 역할을 제공할 수 있는 사람만 살아남습니다.

그래서 강점이 중요합니다. 내 아이에게 맞는 방법을 찾아 그것을 키우도록 도와주는 일이 중요합니다. 약점만 보완하고 남들만 따라가다가는 그저 둥글둥글한 모습의 평균이 될 수밖에 없습니다. 산업화 시대의 일꾼을 키우기 위해 시작된 표준화된 교육은 이

제 수명을 다해갑니다. 새로운 시대의 전환점에서 공교육의 위기와 사교육의 극성이 생긴 것은 어쩌면 당연해 보입니다. 이제는 '개별화indivisualims' 시대입니다.

모든 사람은 다 특별합니다. 모든 아이도 다 특별합니다. 아이들의 인생은 사다리 타기가 아닙니다. 정해진 길을 따르고 누가 먼저 사다리를 올라가는지 경쟁하는 시합이 아닙니다. 각자가 저마다의 그물망을 가지고 있고 자신의 특성을 잘 이해하면 나만의 그물망을 짜 나갈 수 있습니다. 거기에 길이 있고 행복이 있습니다.

다른 아이, 다른 방법에 맞춰진 안테나를 거둬들여 내 아이에게 맞춰주세요. 쉬운 일은 아닙니다. 이미 존재하는 정답 맞추기에 익숙한 우리 부모 세대는 정답이 없다고 생각하면 불안합니다.

하지만 부모가 정답을 내주어야 한다고 생각하지 마세요. 아이는 이미 자신의 내면에 답을 가지고 있습니다. 아이가 정답을 찾아가는 과정을 불안함이 아닌 호기심을 가지고 지켜보세요. 그러면 아이는 자신만의 길을 찾으며 잘 자라갈 것입니다.

에필로그

이 책을 쓰기까지 많은 고민이 있었습니다. 아직 아이를 키우고 있는 입장인 제가 육아서를 쓰는 것이 맞나 하는 생각이 들었습니다. 책을 쓴 뒤에는 사방의 눈이 '너는 얼마나 잘 키우는지 보자' 지켜볼까봐 두렵기도 했습니다.

하지만 학생 코칭을 많이 하면서 다시 생각하게 되었습니다. 제가 보기에는 강점이 가득한 아이들이 자신의 부족하고 약한 부분만 계속 되뇌면서 남을 부러워하고만 있었습니다. 자신이 가진 원석이 다이아몬드인지도 모르고 말입니다. 그러다 저를 만나 자신의 강점을 인식하고 그것을 어떻게 활용할지 알아가며 자신감을 갖는 모습을 지켜보면서, 이 이야기를 해야겠다는 일종의 사명감이 들었습니다.

저 역시 20~30대 시절 대부분을 누군가를 부러워하고 질투하면서 열등감에 시달리며 보냈습니다. 늘 나의 부족한 모습만 보였고, 그 모습을 남에게 들킬까 전전긍긍했습니다. 부족함을 채우려 하니 밑 빠진 독에 물 붓기처럼 힘만 들고 소용이 없었습니다. '나는 왜 이것밖에 안 되나' 자책도 많이 했지요.

그런데 강점을 만나고 새로운 시각이 열렸습니다. 저는 물건은 잘 흘리고 다니지만 잘 배우고, 배운 정보들을 수집하여 사고한 다음 사람들이 이해하기 쉽게 전달하는 데 탁월한 재능이 있습니다. 이런 나의 강점을 인식하고 활용하여 개발하다 보니 어느새 책을 여러 권 집필했고, 강연으로 강점을 전파하는 리더로 살아가고 있습니다. 치과의사 코치로서 치아를 넘어 아이와 부모의 욕구와 생각, 감정까지 이해하고 다가가려는 의사가 되어가고 있습니다.

이제는 특별히 부러운 사람이 없습니다. 저는 지금 사다리를 오르고 있지 않으니까요. 나만의 그물망을 만들어 완전히 다른 궤도를 가고 있습니다. 이 길은 유일무이한 길이니 누굴 부러워할 필요도 없고 조바심을 낼 필요도 없습니다. 그저 어제보다 나은 오늘, 오늘보다 나은 내일을 생각하는 나 자신의 성장을 기대할 뿐입니다.

아이들은 모두, 한 명도 빠짐없이 귀한 강점을 갖고 있습니다. 이 아이는 이걸 잘하고, 저 아이는 저걸 잘합니다. 모두 똑같을 필요도 없고 그래야 할 이유도 없습니다. 국가의 경쟁력을 위해서도 똑같고 비슷한 사람들이 내는 평균의 성과보다, 다양하고 독창적인 사람들이 모여 내는 시너지가 훨씬 더 좋지 않을까요?

강점의 세계로 빠지게 해주시고 "강점 운동Strength movement"의 물결을 함께 일으켜보자고 많은 가르침을 주신 미국 갤럽 사의 대니 리Danny Lee 코치님과 코칭경영원 고현숙 대표님, 그리고 좋은 책이 나오도록 많은 지지와 도움을 주신 김영사 출판사의 고세규 대표님과 편집팀에 진심으로 감사드립니다. 사회 곳곳에 강점을 전파하기 위해 노력하는 JOB-S 팀, 함께해서 든든합니다. 새로운 도전을 늘 응원해주시는 양가 부모님과 남편 그리고 언제나 제게 영감과 사랑을 주는 아들, 사랑하고 감사합니다.

참고문헌

1장

리 워터스,《똑똑한 엄마는 강점스위치를 켠다》, 웅진리빙하우스, 2019.

C. Chabris and D. Simons, *The Invisible Gorilla: And Other Ways Our Intuitions Deceive*, Us, New York: Broadway Books, 2009.

J. Lao, L. Zhang, and R. Ratcliff, *The automaticity of affective responses during visual search: Evidence from electrocortical activity*, Psychophysiology, 2015.

N. Angier, *Experts Diagnose Piglet, Eeyore and Pooh Himself*, The New York Times, 2001.

https://www.fastcompany.com/1723078/why-starbucks-had-change-its-logo

T. Rath, *StrengthsFinder 2.0*, Gallup Press, 2007.

Shane J. Lopez,《인간의 강점 발견하기》, 학지사, 2011.

M. Rechmeyer, *Strengths based parenting from Gallup*, Gallup Press, 2016.

A. Bandura, *On the functional properties of perceived self-efficacy revisited*, Journal of Management, 38(1), 9-44, 2012.

J. E. Maddux, *Self-efficacy, adaptation, and adjustment: Theory, research, and application*, Springer, 1995.

National Center for Education Statistics, *Parent and Family Involvement in Education survey*, 2006, https://nces.ed.gov/pubs2006/2006065.pdf.

R. Kega, *In over our heads: The mental demands of modern life*, Cambridge, MA: Harvard University Press, 1994.

L.D. Cantwell, *A comparative analysis of strengths-based versus tranditional teaching methods in a freshman public speaking course: Impacts on student learning and academic engagement*, Dissertation Abstracts International, 67, 02. 2006.

A.R. Schry, J. Whitehead, *Parenting perfectionism and its relationship with parenting behaviors and children's well-being, Journal of Family Psychology*, 26(5), 665 -674, 2012.

마틴 셀리그먼,《긍정심리학 개정판》, 물푸레, 2002.

2장

J. Rozovsky, N. Bell, T,W, Malone, *What Google learned from its quest to build the perfect team*, Harvard Business Review, 93(6), 72-80, 2015.

고현숙,《티칭하지 말고 코칭하라》, 레디앙, 2011.

D.L. Shapiro, *Negotiating the Nonnegotiable: How to Resolve Your Most Emotionally Charged Conflicts*, Viking, 2016.

T.D. Zweifel, *Communicate or Die: Getting Results Through Speaking and Listening*, Select Books, 2006.

A. Pascual-Leone, V. Walsh, J. Rothwell, *The plastic human brain cortex. Nature*, 365(6442), 380-383, 1993.

B.S Bloom, ed, *Developing talent in young people*, New York: Ballantine Books, 1985.

P.R. Huttenlocher, *Neural plasticity: the effects of environment on the development of the cerebral cortex. Harvard review of psychiatry*, 10(6), 317-326, 2002.

E.R. Sowell et al, *Mapping continued brain growth and gray matter density reduction in dorsal frontal cortex: Inverse relationships during postadolescent brain maturation*, The Journal of neuroscience, 21(22), 8819-8829, 2001.

R. Cardinal et al, *Emotion and motivation : The role of the amygdala, ventral striatum and prefontal cortex*, Neuroscience and Biobehavioral Reviews 26(3), 321-352, 2002.

3장

OECD, *Health at a Glance 2020: OECD Indicators*, Paris : OECD Publishing, 2020.

https://www.ilyosisa.co.kr/news/article.html?no=234821

W. H. Missildine, *Your inner child of the past*, Simon and Schuster, 1963.

빅터 프랭클,《빅터 프랭클의 죽음의 수용소에서》, 청아출판사, 2020.

홍익희, 《유대인 창의성의 비밀》, 행성 B, 2020.

M. Peker, *Pre-service teachers' teaching anxiety about mathematics and their learning styles*, Eurasia Journal of Mathematics, Science and Technology Education, 5(4), 335-345, 2009.

E.A. Maloney, G. Ramirez et. al, *Intergenerational effects of parents' math anxiety on children's math achievement and anxiety*, Psychological science, 26(9), 1480-1488, 2015.

베네세 차세대육성연구소, 《아이를 위해 희생하는 엄마, 그들의 모습과 행복에 대한 고찰》, 베네세 차세대육성연구소 보고서, 2010.

한근태, 《공부란 무엇인가》, 샘터, 2021.

D. Goleman, *Emotional intelligence: Why it can matter more than IQ*, New York: Bantam Books, 1995.

하임 기너트, 《부모와 아이 사이》, 양철북, 2003.

EBS, 《퍼펙트베이비》, 와이즈베리, 2013.

B.L. Fredrickson, C. Branigan, *Positive emotions broaden the scope of attention and thought-action repertoires*, Cognition & Emotion, 19(3), 313-332, 2005.

https://time.com/microsoft-ceo-satya-nadella-interview/ 2016

알렉스 비어드, 《앞서가는 아이들은 어떻게 배우는가》, 아날로그(글담), 2019.

C.S. Dweck, E.L. Leggett, *A social-cognitive approach to motivation and personality*, Psychological review, 95(2), 256-273, 1998.

캐럴 드웩, 《마인드셋》, 스몰빅라이프, 2006.

K. Haimovitz, C.S. Dweck, *What predicts children's fixed and growth intelligence mindset? Not their parents' views of intelligence but their parents' views of failure*, Psychological Science 1-11, 2016.

M. Seligman, S. F. Maier, *Failure to escape traumatic shock*, Journal of Experimental Psychology, 74(1), 1-9, 1967.

L. Blackwell, K. Trezeniewski, C.S. Dweck, *Implicit theories of intelligence predict achievement across an adolescent transition: A longitudinal study and an intervention*, Child Development 78(1), 246-263, 2007.

리사손,《메타인지 학습법》, 21세기 북스, 2019.

R.M. Ryan, E.L. Deci, *Self-determination theory and the facilitation of intrinsic motivation, social development, and well-being*, American Psychologist, 55(1), 68-78, 2000.

이시형,《부모라면 자기조절력부터》, 지식플러스, 2016.

R.F. Baumeister, M. Muraven, *Ego depletion: Restoring the self's regulatory resources*, Journal of personality and social psychology, 83(4), 870-882, 2002.

B.J. Schmeichel, R.N. Volokhov, H.A. Demaree, *Working memory capacity and the self-regulation of emotional expression and experience*, Psychological Science, 19(8), 776-783, 2008.

4장

R. Yerkes, J. Dodson, *The relation of strength of stimulus to rapidity of habit-formation*, Journal of Comparative Neurology and Psychology, 18(5):459-482, 1908.

윌리엄 스틱스러드, 네드 존슨,《놓아주는 엄마 주도하는 아이》, 쌤앤파커스, 2022.

A. Gazzaley, T. Maddox, K. McEvoy, M. D'Esposito, M, *The flexible nature*

of the attentional system probed with a novel task, Journal of cognitive neuroscience, 17(11), 1882-1888, 2005.
스타니슬라스 드앤,《우리의 뇌는 어떻게 배우는가》, 로크미디어, 2021.

약점 찾기가 아닌
강점을 찾는 육아로

강점으로 키워라